XL. A

LA GEOMETRIE
ET
PRACTIQVE GENERALLE
D'ICELLE.

Au Tref-Chreftien Roy de France
& de Nauarre,

*Par I. Errard de Bar-le-duc, Ingenieur ordinaire
de fa Maiefté.*

SECONDE EDITION.

se libre ma rei §

A PARIS,

Chez GVILLAVME AVVRAY au haut de la ruë
S. Iean de Beauuais, au Bellerophon couronné.

cIɔ.IcɔII.
Auec Priuilege du Roy.

Extraict du Priuilege.

PAr lettres patentes du Roy donnees à Paris, l'an 1594, signees par le Conseil, de Lestoille, & scellees sur simple queuë de cire iaune. Il est permis à Iean Errard Ingenieur de sa Majesté, de faire Imprimer tant en ceste ville de Paris que ailleurs le present liure de Geometrie, & practique generalle d'icelle, pour le temps & terme de dix ans, auec deffence à toutes personnes de quelque qualité ou condition qu'elles soyent, de ne l'Imprimer, vendre, ou distribuer dans ledict temps, sur peine de cent escus d'amende, & de tous despens dommages & interestz, comme plus à plain est contenu esdictes lettres du priuilege.

Ledict sieur Errard à permis & permet à Guillaume Auuray Marchant Libraire de l'imprimer, vendre & debiter.

AV ROY.

SIRE, puis que voſtre Majeſté nous faict eſperer, par l'Academie qu'elle a · donné eſtre dreſſée en ceſte ville de Paris, de voir reſuſciter & reuiure les ſciences, de long temps mortes en ce Royaume, & que les Gentils hommes François ont eſté contrainčts cercher & aller mandier es pays eſtranges: I'ay penſé que ce ne ſeroit mal à propos luy dedier maintenant ceſt œuure, combien que petit, comprenant neantmoins ce qui eſt de plus beau & plus rare en la Geometrie: Eſperant, que ſoubz la protection & faueur de Voſtre Majeſté, il ſera veu & receu du public, & (Dieu aydant) incitera par ſa facilité & briefueté, la Nobleſſe à recercher les Mathematiques, vrayes & ſeules ſciences, qui ne proffitent pas ſeullement durant la paix, mais produiſent leurs plus beaux effects en temps de Guerre. Ie le mets donc en lumiere, pour ſeruir d'erres de quelques autres parties, que i'eſpere traicter auec la meſme facilité & methode: Proteſtant que tout ce que ie pourray acquerir par labeur ou induſtrie, ſera touſiours dirigé à ce but d'en faire ſeruice tres-humble à voſtre Majeſté, & part à la France, en laquelle Dieu vous face longuement & heureuſement regner.

A Paris au mois de May 1594

I. ERRARD.

A ij

AVX LECTEVRS.

IE mets au deuant de ce traiḗté les definitions des mots & termes de l'art, pour le foulagement des rudes & moins verſez és Mathematiques: les doḗtes ne le trouuerõt point mauuais, nõplus que la diſpoſition des chapitres & corollaires, ſelon leur matiere, que i'ay expres agencez de ceſte ſorte, pour la meſme fin. I'y ay entrelaſſé quelques demonſtrations des elements d'Euclide (comme le corollaire 1. du chap. 3. du 2. liure: le Corollaire 4. du chap. ſuyuant, & quelques autres, que i'ay eſtimé neceſſaires, pour la pratique parfaiḗte de la Geometrie) la duplication du cube & diuiſion de la ſphere, auec ce qui en depend, y ſont demonſtrees (combien que la pratique en ſoit mechanique) autant facillement & exaḗtement qu'il s'eſt peu faire iuſques à preſent. Ie prie donc tous amateurs des belles ſciẽces, le prendre en bonne part, de celuy qui ſera treſaiſe qu'vn autre face mieux.

DEFINITIONS.

E poinct, est, ce qui n'a aucunes parties.

La Ligne, est vne longueur sans ~~seulement~~ largeur, de laquelle les extremitez sont points.

La ligne droite, est celle qui est egallement
comprise entre ses points.

La ligne Oblique ou courbe, est celle qui est menee par
vn circuit de point à autre.

Angle plan, est le concours de deux lignes qui s'entretou-
chent en vn mesme point, & lesquelles continuees se
coupent au mesme point.

Angle rectiligne, est celuy qui est fait & compris de deux
lignes droictes.

Angle courbeligne, est celuy qui est fait de deux lignes
courbes,

Angle mixte, qui est compris d'vne ligne droite & d'vne
courbe.

Angle droit, est celuy qui est fait quand vne ligne tombã-
te sur vne aultre fait de chasque part deux angles egaux.

Angle droit rectiligne, est fait quand vne ligne droicte
tombe sur vne autre droicte, & fait les angles de costé
& d'autre egaux, & iceux sont droicts,

Et la ligne ainsi tombante est appellee perpendiculaire ou
orthogonelle.

Angle obtus, est celuy qui est plus grand & plus ouuert
que le droict.

Angle aigu, est qui est plus petit & plus fermé que le
droict.

A iij

Lignes droictes paralleles ou equidiftantes, font celles qui prolongees ne fe r'encontrent iamais ny d'vne part n'y d'autre.

DES SVPERFICIES.

SVperficie ou aire, eft ce qui a longueur & largeur tant feulemēt, Et les extremitez d'icelle sōt ligne ou ligne.

Superficie plane, eft celle qui egallement comprife entre fes lignes. Et tous les Angles tirez fur icelle, s'appellent angles plans.

Superficie courbe, eft celle de laquelle la longueur ou largeur, ou les deux enfemble, font menees au long de quelque ligne ou ligne   urbes.

Superficies ou plans parallels, font ceux qui font equidiftans, & lefquels continuez ne fe r'encontrent poinct.

DES SVPERFICIES RECTILIGNES.

LE Triangle rectiligne, eft vne fuperficie fermee de trois lignes droictes, & qui a trois angles.

Les triangles, par la difference de leurs angles font appellez, Sçauoir, Rectangle qui a vn angle droit.

Obtufangle, ou ambligone, qui a vn angle obtus.

Aigüangle, ou oxigone, qui a tous fes angles aigus.

Et par la difference de leurs coftez font appellez, fçauoir Equilatere, qui a fes trois coftez egaux.

Ifofcele, qui a deux coftez feulement egaux enfemble.

Et Sçalene, qui a les trois coftez inegaux.

Le quarré, eft vne fuperficie de quatre coftez egaux, & de quatre angles droicts.

Rectangle oblong, eft qui a les quatre angles droicts, & les coftez oppofez egaux, & non tous enfemble.

Rhombe ou lozange, eft qui a tous les coftez egaux & les angles oppofez auffi egaux, mais non tous enfemble.

Rhomboïde, eſt qui a ſeulement les coſtez & les angles
oppoſez egaux enſemble . & ces quatre ſortes ſ'appellent auſſi paralle-logrammes, à cauſe que leurs coſtez
ſont parallels.

Diagonale de ces quatre derniers, eſt la ligne droicte me-
née de l'vn des angles à l'autre oppoſé, laquelle diuiſe
& coupe toute la figure en deux triangles egaux l'vn
à lautre.

Gnomon, eſt le reſidu d'vn parallelogramme duquel on
aura ſouſtrait vn aultre parallelogramme, ayant ſes angles à la diagonalle du premier parallelogramme.

Trapeze, eſt vne figure de quatre coſtez, deſquels deux oppoſez ſeulemét, ſont parallels, & a deux coſtez egaux.

Trapezoïdes ou Tablette, ſont figures quadrilateres, mais
irregulieres, c'eſt à ſçauoir, de coſtez & angles inegaux.
Et d'icelles ne ſe peuuent donner certains preceptes
non plus que des autres qui ont pluſieurs angles.

Figure reguliere ou compoſée, eſt cellé de pluſieurs angles & coſtez egaux enſemble, comme Pentagone,
Hexagone, Heptagone, &c.

Figure irreguliere, eſt celle de pluſieurs angles & coſtez,
mais non egaux enſemble.

Aux figures irregulieres, ſçauoir celles qui ont leurs coſtez
en nóbre pair, ſe cóſidere quelquefois vn diametre, qui
eſt la ligne droicte paſſant par le centre finiſſant en angles droicts aux deux coſtez oppoſez & parallels.

Aux figures qui ont leurs coſtez en nombre impair, ſe
conſidere ſeulement le demy-diametre, qui eſt la ligne
droicte procedant du centre finiſſant à l'vn des coſtez
en angles droicts.

Baſe eſt la ligne que nous preſupoſons eſtre le fondemét
d'vn triangle, d'vn parallelográme ou de quelque autre
figure, quand on a ſeullement egard aux deux coſtez.

LE Cercle, eſt vne ſuperficie deſcripte de l'extremité
d'vne ligne droicte qui a l'autre extremité immobile, & menee iuſques à tant qu'elle ſoit retournee à l'endroit d'où elle eſt premierement partie.

Et ceſt extreme immobile, ſ'appelle centre du cercle.

La ligne deſcripte par l'autre extreme mobile, ſ'appelle
circonference du cercle.

Et toutes les lignes tirées du centre à icelle circonference
ſont egalles.

Le Diametre du cercle, eſt vne ligne droicte paſſant par
le centre finiſſant à la circonference, & coupant le cercle en deux egallement.

Secteur, eſt vne piece dans le cercle faicte de deux demy-
diametres, faiſás angle au cétre. Et la circóferéce entre
ſes deux demy-diametres, ſ'appelle baſe de ſecteur.

Section de cercle, eſt vne partie de la ſuperficie du meſme
cercle, compriſe d'vne portion de la circonference du
cercle, & d'vne ligne droicte qui ſ'appelle baſe de la
ſection.

Cercles parallels, ſont ceux qui ſont concentriques, c'eſt à
dire, tirez ſur vn meſme centre.

Angle du centre, eſt celluy qui eſt fait du ſecteur, c'eſt à dire, des deux demy-diametres qui comprennent moins
que la moictié du cercle.

Angle en la circonference, eſt celluy compris de deux lignes droictes touchant la meſme circonference.

DE L'OVALE.

OVale, eſt vne figure longue, compriſe d'vne ſeulle
ligne, non circulaire, ains courbe reguliere, ainſi
appellé à cauſe de ſa forme.

* Il ſe
fait par

Centre de l'ouale, est le poinct du milieu.

Diametre de L'ouale, est la ligne droicte, passant par le centre, & ayant ses extremes en la circonference, diuisant l'ouale en deux egallement.

Et en ceste figure, sont principallemét à cósiderer les deux diametres, sçauoir le plus long & le plus court, qui se coupent chascun en deux parties egalles, & en angles droicts.

Circonference de l'ouale, est le tour & circuit de la figure.

Secteur de l'ouale, est ce qui est contenu de deux demy-diametres, faisans angle au centre, & de la portion de circonference entre lesdits demy-diametres. Icelle partie de circonference s'appelle base du secteur.

Section de l'ouale, est vne partie de l'ouale comprise d'vne ligne droicte, & d'vne partie de la circonference: icelle ligne droicte s'appelle base de la section.

DE LA LIGNE SPIRALE.

LA ligne spirale (selô Archimedes & de laquelle nous entendons traicter) est celle, qui est tracee par vn poinct, qui se coule d'vne egalle vitesse au long d'vne ligne droicte, laquelle a l'vn des extremes immobile & l'autre mobile, descriuant vn cercle. Et iceluy poinct coulant au long de toute la ligne (en mesme temps que le cercle se fait) descrit la spirale.

Et cest extreme Immobile s'appelle commencement de la spirale.

Et la ligne au long de laquelle le poinct s'est coulé, s'appelle ligne de la premiere reuolution.

Et si la ligne est prolôgee, à laquelle on face faire encor vn tour ou plusieurs, & que le poinct de mesme vitesse se coule tousiours au long, descriuant & continuaut là spirale: la ligne droicte du second tour, s'appellera li-

gne de feconde reuolution, & la troifiefme, de la troifiefme reuolution, & ainfi des autres infiniement.

Et la fpirale du fecond tour, s'appellera fpirale de la fecó-
de reuolution, & ainfi des autres felon leur ordre.

L'efpace compris de la premiere reuolutió de la premiere
ligne, s'appelle efpace premier: Et ainfi les autres ef-
paces prendront nom felon l'ordre de leur reuolution.

DES CORPS.

Corps, eft qui a longueur, largeur & profondeur, duquel les extremitez sót fuperficies ou fuperficie.

Angle folide, eft qui eft cópris de plus de deux angles plás
cóftituez en vn mefme point, n'eftás en vn mefme plá.

Il y a de plufieurs fortes de corps ou folides, dont les premiers & plus fimples, font ceux compris de fuperficies
planes.

La bafe de quelque corps compris de fuperficies planes,
eft la fuperficie que nous prefuppofons eftre le fondement dudict corps.

La pyramide, eft vn corps ayant vne figure plane rectiligne pour bafe, lequel corps finit en vn poinct au deffus
de la bafe.

Iceluy poinct, s'appelle sómet ou cime de la pyramide.

Et celle qui a fa bafe equilatere (c'eft à dire figure regulie-
recómetriangle, equilateral, quarré, pentagone &c.)
& le fommet en la ligne eflcuee orthogonellement du
centre de la bafe, s'appelle pyramide equilatere. Et encor celles de cefte forte prennét le nom de leurs bafes,
comme trilaterales, quadrilaterales &c.

Et de ces pyramides, font faicts & compofez les corps
reguliers, comme L'octaëdre, qui eft compris de huict
triangles equilateres, c'eft à dire compofé de huict pyramides trilateres equicrures.

Le Dodecaëdre, compris de douze superficies pentagonales, ou composé de douze pyramides pentagonales
equicrures.

L'Icosaedre, côpris, de vingt triâgles equilateraux c'est à
dire fait & côposé de xx. pyramides trilares equicrures.

Les pyramides qui ont leur sommet hors la ligne orthogonelle esleuee du centre de la base, s'appellent pyramides rhomboïdes.

Entre les solides rectangles, le Cube est nombré le premier: c'est celuy qui est compris de six superficies quarrees & egalles ensemble.

Le solide rectangle long d'vn côsté, est celuy qui est côpris de six superficies planes rectangles, desquelles les
quatre sont oblongues & egalles ensemble, & les deux
autres opposees sont quarrees, & egalles, & cecy s'appelle aussi colomne quadrangulaire : car les colomnes
sont estimees corps oblongs par tout d'vne grosseur,
& de bases egalles, & semblables.

La solide rectangle long de deux costez, est celuy qui a les
faces & superficies rectâgles, & celles opposees seulement egalles, mais non toutes ensemble.

Le solide parellelipipede, est celuy qui est côpris de qua-
drangles plans, desquels les opposez sont parallelz.

La superdiagonalle de ces quatre corps, est la ligne qu'on
imagine proceder de l'vn des angles solide à l'autre an -
gle solide opposé, laquelle passe par le cêtre de chacun
corps.

Colomne triangulaire, est le corps, duquel la base est vn
triangle, & les costez sont trois superficies quadran-
gulaires rectangles. Cecy s'appelle aussi prisme.

Et les autres colomnes regulieres (c'est à dire desquelles
les bases sont figures regulieres) sont appellees du nom
de leurs bases.

Prifme trapeze, eft la colomne qui a pour bafe vn trapeze, & les coftez font quatre fuperficies rectangulaires, defquelles deux oppofees feulement font egalles.

Les colomnes irregulieres, font celles qui ont leurs bafes irregulieres, côme trapezoïdes, tablettes, ou autremẽt.

Et les colomnes qui ont leurs coftez nó en angles droicts fur leurs bafes, font nommees rhomboïdes.

Celles cy auffi font regulieres ou irregulieres comme leur bafe.

DES CORPS COMPRIS DES
Superficies circulaires.

Cylindrè, eft vne colóne ayant deux cercles egaux & parallelz pour fes deux bafes, & la ligne droicte ti-ree de centre à autre, tombant perpendiculairement & en angles droicts en chafcune d'icelles bafes, & tou-tes les lignes droictes tirees de la circóference de l'vne des bafes à la circonference de l'autre, paralleles & egalles entre elles.

Cylindre Rhomboide, eft celuy duquel l'axe & les coftez ne font en angles droicts fur la bafe.

Le Cone, eft vn corps pyramidal, duquel la bafe eft vn cercle. Et celuy qui a le fommet en la ligne othogonel-le efleuee du centre de la bafe s'appelle equicrure, ou equilatere.

Mais celuy duquel le fommet eft hors icelle ligne ortho-gonelle s'appelle cone Rhomboide.

Rhombe folide, eft le corps qui eft compofé de deux co-nes equicrures, lefquels ont vne mefme bafe cómune.

DE LA SPHERE.

Sphere, eft vn corps compris d'vne feule fuperficie, qui fe faict par vn demy cercle tournant vn tour fur fon dyametre immobile.

Et le centre, est le poinct du milieu, duquel toutes les lignes tirees à icelle superficie, sont egalles.

Le dyametre, est la ligne droicte qui se termine à icelle superficie, & qui passe par le centre : Il est aussi appellé axe de la Sphere.

Secteur de la Sphere, est vn solide qui contient plus ou moins que la moictié de la Sphere, Et est fait quand vn plan couppe vne partie moindre que la moictié, & sur iceluy plan (qui est vn cercle) est esleué vn cone, qui a son sommet au centre de ladicte Sphere; Ce cone auec ceste partie rescindee s'appelle secteur : & ce qui reste, s'appelle aussi secteur.

Et ces parties ainsi rescindees simplement par vn plan, s'appelent section de la Sphere.

Et le plan qui aura ainsi couppé la Sphere, s'appellera cercle mineur de la Sphere.

Mais le plan qui couppera la Sphere en deux egallement, s'appellera cercle maieur.

Spheres paralleles, sont celles qui sont concentriques, c'est à dire ayans vn mesme centre.

DES CORPS DESQVELS
les Bases sont ouales.

Colomne ouale, est qui a sa base ouale, & est esleuee orthogonellement sur icelle.

Et celle qui n'est point esleuee orthogonellement sur sa base s'appellera colomne ouale Rhomboide.

Cone ouale, est qui a sa base ouale, & le sommet en la ligne orthogonelle esleuee du centre de la base.

Celuy qui a le sommet hors la ligne orthogonelle, s'appellera cone ouale Rhomboide.

SPheroïde, est vn corps compris d'vne seule superficie, faicte par vn demy ouale qui faict vn tour sur son diametre immobile.

Et celuy qui se faict sur le plus grand diametre, s'appelle Spheroïde long, & de ceste sorte seulement entendós traicter : d'autant qu'elle est plus commune & vulgaire que tout autre sorte : Et ne parlerons icy du spheroïde court : pource qu'il est peu vsité & connu , & sa forme aussi peu receüe entre les mechaniques mesmes.

Le centre du spheroïde, est le poinct qui est iustement au milieu, par lequel toute superficie plane trauersant couppe le corps du spheroïde en deux egallement.

Les diametres, sont les lignes passantes par le centre, terminées à la superficie & circonference du spheroïde, desquels les principaux sont, le plus long & le plus court.

Secteur de spheroïde, est le solide qui comprend la portion plus grande ou plus petite que la moictie dudit spheroïde, faisant angle (ou pour mieux dire) cime & sommet d'vn cone au centre d'iceluy spheroïde.

Section de spheroïde, est vne partie du spheroïde couppee d'vne superficie plane.

DES CORPS COMPRIS DE
Superficies spirales.

COlomne spirale, est celle qui a pour sa base vne superficie contenue d'vne spirale , & de la ligne droicte de reuolution, estant ladicte colomne esleuee de tous ses costez en angles droicts sur icelle base.

Cone spiral , est celuy duquel la base est vne superficie comprise d'vne spirale & de la ligne droicte de reuo-

lution, ayant le fommet en la ligne orthogonelle efleuee du poinct du commencement de la fpirale.

Colomne & cone fpiral rhomboyde, eft quand la ligne
perpendiculaire de leur haulteur ne tombe au centre
de la bafe (qui eft le commencement de reuolutió,) ains
en quelque autre partie de la fuperficie, ou hors icelle.

Mefurer vne grandeur eft cercher, combien de fois quelque mefure commune eft trouuee en icelle.

Mefure, eft vne grandeur finie, par laquelle font mefurees toutes les grandeurs de mefme genre, Comme,
pied, pas, aulne, braffe, toyfe, &c. qui font mefures
fameufes, efquelles toutes les autres de mefme genre
fe rapportent, mais de forte que la plus petite, mefure
vne egalle à elle, & vne plus longue qu'elle, mais la
plus longue ne peut pas mefurer la plus courte : car les
lignes plus courtes font appellees moicties, tierces,
quartes, &c. des plus longues.

Longueurs comméfurables, font celles qui peuuent eftre
mefurees d'vne mefme mefure.

Longueurs incommenfurables, qui ne peuuent eftre mefurees d'vne mefme mefure.

Les lignes qui font par puiffance l'vne à l'autre, comme
d'autres lignes font en longueur l'vne à l'autre, font
celles defquelles les quarrez font l'vn à l'autre, comme
les longueurs des autres l'vne à l'autre.

Mefurer quelque fuperficie, eft chercher combien de fois
quelque autre fuperficie moindre eft côtenue en icelle.

Et ces fuperficies moindres, font appellees poulce quarré, pied quarré, pas quarré, aulne quarrée, toyfe quarrée, &c. qui font mefures plus fameufes, defquelles
on a accouftumé vfer à la mefure des fuperficies plus
grandes.

Mefurer vn corps, eft cercher combien de fois quelque

autre corps moindre peut eſtre contenu en iceluy.

Et ces corps moindres, ſont appellez poulce cube, pied cube, aulne cube, toyſe cube, &c. qui ſont meſures plus vulgaires, deſquelles on meſure les corps plus ſpatieux & grands.

Les figures planes inſcriptes au cercle, ou en l'ouale, ou en la ligne ſpirale, ſont celles deſquelles tous les angles touchent la circonference de la figure en laquelle elles ſont inſcriptes.

Les circonſcriptes, ſont celles deſquelles tous les coſtez touchent la circonference de la figure à l'entour de laquelle elles ſont circonſcriptes.

La figure ſolide inſcripte en aultre figure ſolide, eſt celle de laquelle tous les angles ou coſtez ou ſuperficies enſemble touchent la ſuperficie de la figure en laquelle elle eſt inſcripte.

La circonſcripte, eſt celle de laquelle toutes les lignes ou ſuperficies des coſtez touchent la ſuperficie ou angles de celle à l'entour de laquelle elle eſt circonſcripte.

Raiſon, eſt vne mutuelle habitude de deux grandeurs l'vne à l'autre de meſme genre, ſelon la quantité.

Proportion, eſt vne ſimilitude de raiſons.

COMMVNE SENTENCE.

Entre deux grandeurs inegalles, peut eſtre conſiderée vne autre grandeur plus grande que la plus petite, & plus petite que la plus grande.

LE PREMIER LIVRE
DE GEOMETRIE DE
I. Errard de Bar-le-Duc.

De la mesure des lignes droites. Et premier de la composition de l'instrument.

CHAPITRE I.

Autant que tout dimension consiste en longueur, ou en longueur & largeur, ou en longueur largeur & profondeur : Nous commencerons par la dimension des longueurs seullement, & principallement des lignes droictes, qui est la premiere, plus simple, & de laquelle dependent les deux autres sortes de mesures : & me semble estre expedient de mettre en auant quelque sorte d'instrument, par lequel nous puissions auoir plus facile introduction à mesurer les lignes droictes inaccessibles : non que ie vueil-Ie astreindre aucun de s'arrester à cestuy (d'autant qu'on en a inuenté, ou on en peut inuenter, qui pourront estre plus aggreables & aisez, selon la diuersité des esprits,) mais cecy seruira seullement au Lecteur (en attendant mieux) pour veoir a l'œil, & toucher les raisons sur lesquelles les demonstrations suyuantes sont fondées.

OR ie desirerois que la composition fust telle. Que deux reigles de leton bien droictes fussent conioinctes en forme de compas comme A B, A C, & de longueur chacune d'vn pied & demy ou enuiron, & de largeur d'vn poulce, se mouuans & tournans au centre A. apres que sur la reigle A B (que nous appellerons these) soit vne graueure pour couler vn demy anneau marqué icy D, lequel enclorra vne autre regle E F (appellee base) laquelle sera de

femblable longueur, mais de largeu: egalle aux autres, ou vn peu
plus eftroicte, & qui fe coulera auec le demy anneau au long de
A B, & en forte que fur fon centre E, (qui fera iuftement fur la

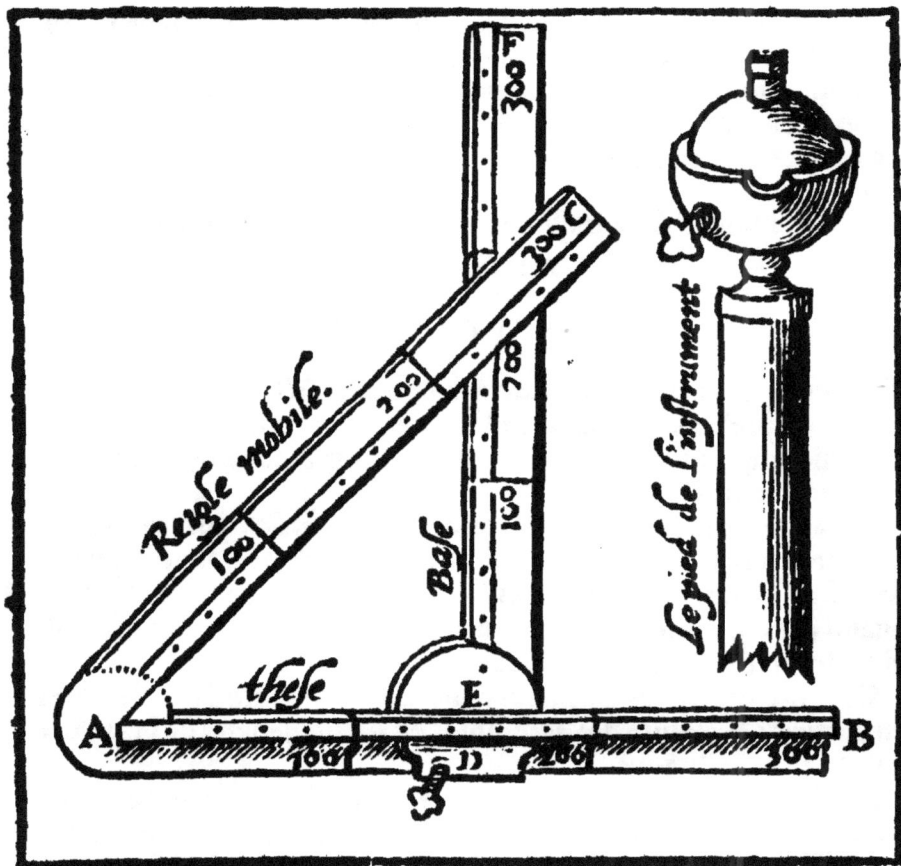

Reigle mobile.

thefe

Bafe

Le pied de l'inftrument

F
300

300 C

700

101

100   100   200

A   1661   D   E   2166   300   B

ligue droicte A B,) elle pourra s'incliner & faire tel angle qu'on
voudra auec la reigle A B, au long & ioingnant les fuperficies des
reigles de la thefe & de la regle mobile A C, & laquelle neátmoins
pourra eftre arreftée par le moyen de quelque vis appliqué audict
demy anneau.

  Cela ainfi côpofé, & les pinnulles eftát mifes aux points A B C
(comme on a accouftumé faire à tous inftrumens (Que chacune
defdictes trois reigles foit diuifée en 300 parties egales, ou en autre nombre tel qu'il plaira. finallement foit attaché à la reigle de la
bafe vn pied pour fouftenir, & fur lequel fe puiffe monuoir tout

l'inſtrument de coſté & d'autre en telle inclinatioń qu'on voudra, attaché di-ie à la baſe, en tel endroit qu'icelle eſtant en peſanteur egalle aux deux autres, puiſſe ſeruir de contrepois, à fin que le mouuement de l'inſtrument en ſoit plus doux & aiſé. Ie laiſſe à diſcretion la fabricature du pied auec les ioinctures qui y doibuent eſtre: Seullement i'ay icy depeinct audict pied vn globe enchaſſé dans vne concauité, par ce qu'il me ſemble que le mouuement qui ſe fera dans icelle, ſera plus commode: le tout ainſi qu'il eſt figuré & repreſenté en ceſt endroict.

Comment ſont meſurees les lignes droictes eſten-dues ſur vne ſuperficie plane.

CHAPITRE II.

POur donc entrer à la meſure des lignes droictes, il faut eſtre aduerty que les vnes ſont acceſſibles du tout, comme ſont celles leſquelles on peut meſurer tout & au long mechaniquement & ſans aucun empeſchement.

Les autres ſont ſeullement acceſſibles en partie, comme quand nous touchons l'vne des extremitez d'icelles, & ne nous eſt permis de paſſer à l'autre. Et les autres ſont inacceſſibles du tout, comme quand elles ſont eſloignees de nous en ſorte qu'il ne nous eſt poſſible de les toucher, ou approcher.

Or la meſure de ces dernieres depend de la meſure des acceſſibles en partie: & la meſure des acceſſibles en partie, depend de la meſure des acceſſibles du tout.

Si donc vne ligne droicte A B, eſtendue ſur quelque plan, eſt propoſee à meſurer, & de laquelle l'vn des extremes ſeullement ſoit acceſſible cōme A: lors fault ioindre vne autre ligne droicte à icelle (comme A D, de laquelle la meſure ſoit congnue) & n'importe que ceſte ligne certaine ſoit eſleuée au deſſus, eſtendue au trauers, on abbaiſſee au deſſoubz, pourueu qu'elle face angle auec la propoſee au point A: car alors de l'autre extreme de la certaine, on peut par le ray de la veüe imaginer vne ligne droicte tendente à l'autre bout de la propoſee comme D B, ou C B, ou E B, & par ce moyen former & figurer vn triangle, duquel, l'vn des coſtez eſtant connu, auec la quantité des angles, on peut facilement paruenir à la cognoiſſance des autres coſtez. Et toute la difficulté de telles meſures ne giſt en autre choſe qu'a cercher vne ligne paraille à celle qu'on veut meſurer, qui n'eſt autre choſe que coupper les co-

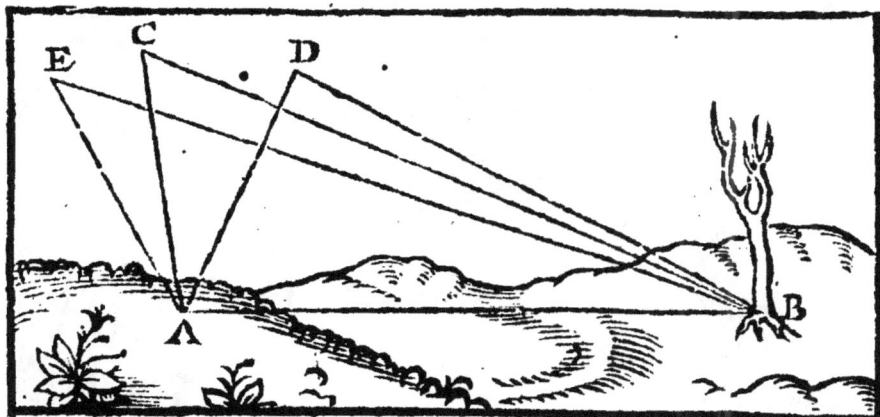

ftez d'vn triangle proportionnellement : *Comme il est monstré tant en la 2 que 4 proposition du 6 d'Euclide* : Et ce qui sera facilement pratiqué cy apres.

Soit donc la ligne A B, proposée à mesurer, sur lextremité de laquelle A, ie tire orthogonellement & en angle droict la ligne A C, laquelle, ie mesure, & côtient 5 pieds, sur laquelle & au long d'icelle ie mets la regle de la base (comme D E) laquelle base sera parallele à A B, par la 28 du 1. mais il faut que l'instrument soit mis en sorte qu'il y ait depuis C, iusques à D, autant de petites mesures de l'instrumét côme il y aura de pieds depuis C, iusques à A. Ce faict, faut mouuoir la reigle mobile C E, iusques à ce que du tay visuel on puisse veoir par les prinnulles d'icelle, lextremité B: alors ie dis que le petit triágle C D E, est equiangle & proportionnel au grand A B C, *par la 4 du 6.* la ligne donc D E, couppant les costez du grand triangle C A, & C B, aux poincts D, E, les couppe proportionnellement *par la 2 du 6.* Telle raison donc que C D, a en D E, telle & semblable a C A, à A B. Or si C D, contient 5 petites mesures & degrez & ie trouue que D E, en contient 10, ie côclueray que C A contenant 5 pieds, la ligne A B côtiendra 10 pieds. Que si tu voulois encor sçauoir la longueur de C B, regarde combien de degrez aura C E, & autant aura de pieds icelle C B, *par les mesmes raisons.* Mais si plus commodement tu voulois prendre la ligne mesurée en trauers comme A X, mets l'instrument en sorte que la reigle de la these soit directement sur la ligne X A, & que depuis X, iusques à la base N, soient autant de degrez comme X A contient de pieds, & posons qu'il y en ait quatre. Apres faicts que la base N T, soit parallele à A B, & dresse la mobile au point & extre-

mité B, alors le lieu ou elle couppera la base (sçauoir T) môstrera
la vraye lôgueur de A B : car autant de petites mesures que côtiendra N T, autant de pieds côtiendra A B. (le triangle X N T, estant
equiangle & proportionnel au triangle X A B) *par les prealeguees.*

Par quel moyen sont mesurees les haulteurs
perpendiculaires.

CHAPITRE III.

POur mesurer vne hauteur perpendiculaire cemme de la tour
G H, laquelle on pourra approcher par le bas, regarde combien
de pieds sont depuis ton œil, ou le lieu de ta station I, iusques à ladicte tour H: & posons qu'il y ait 24 pieds, mets & colloque l'instrument en sorte que la base K L soit perpendiculaire, pour estre

B iij

parallele à G H: & auſſi que la theſe ſoit tirée de façon que depuis I, iuſques à K, ne ſoyét que 24 degrez ou petites meſures: laquelle reigle I K tu dreſſeras neantmoins droicte vers le poinct H, ou quelque autre lieu que tu auras remarqué contre icelle tour pour eſtre au plus pres du niueau. Ce fait hauſſe la mobile I L iuſques à ce que par ſes pinnulles tu decouure le ſommet G: lors ſera formé le grád triangle I H G, & le petit I K L, leſquels ſeront equiangles & proportionnaux l'vn à l'autre, *par les prealeguees*, d'autant que L K eſt paraellele à G H.

Si donc ie trouue L K contenir 18 petites meſures, deſquelles I K en contient 24. ie côclueray que G H contiendra 18 pieds ou autres ſemblables meſures, deſquelles I H en contiendra 24. Car telle raiſon que L K a à I K, telle & ſemblable a G H à I H. Et pour ſçauoir la longueur & diſtance I G, regarde combien de de-

grez ou petites mesures a la ligne depuis I, iusques au point qu'elle
couppe la base L: car autant de pieds aura toute la ligne I G.

Que si on ne pouuoit approcher de la tour pour mesurer la ligne I H, tu chercheras icelle longueur ainsi qu'il a esté enseigné
au chapitre precedent.

*Comment est trouuee la longueur des lignes de la profondité des
puiz & autres choses abbaissees perpendiculairement.*

CHAPITRE IIII.

PAr la mesme facilité sont mesurees les profondeurs perpédiculaires, comme R S: Car soit la largeur du puiz O R, connue de

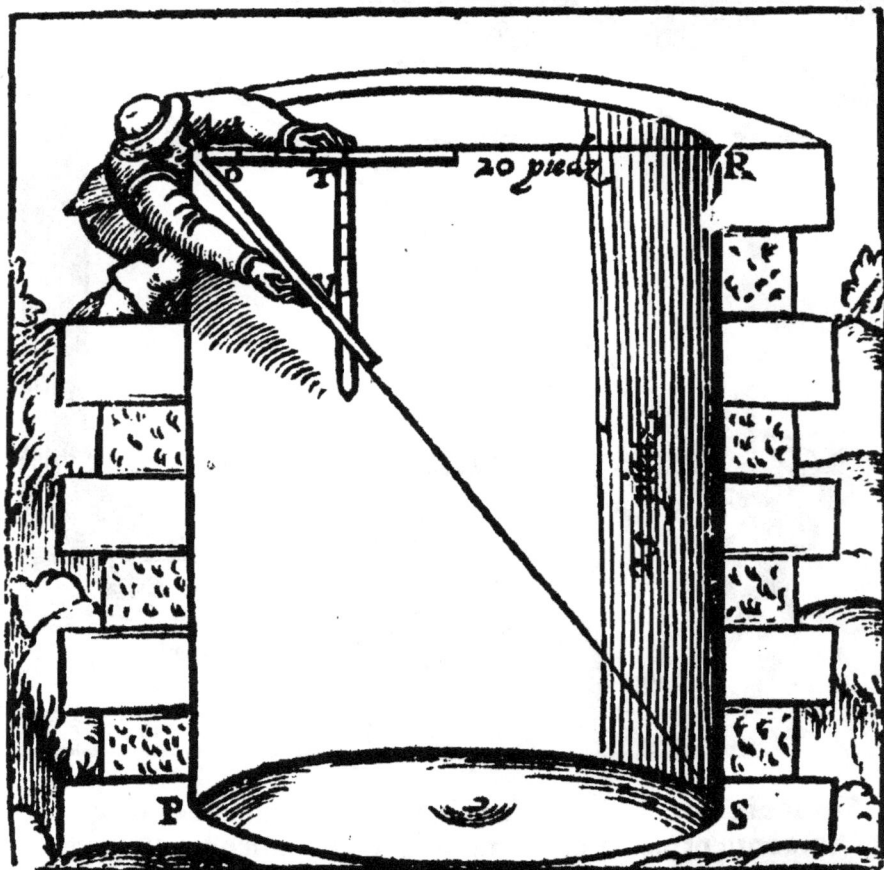

20 pieds. Ie pose & mets l'instrument, en sorte que la base T V est
à plomb & parallele à R S, & de façon que O T, contienne 20 pe-

tites mesures (estant la regle O T directement sur O R,) apres
faut incliner la regle mobile O V, iusques à ce que par ses pinulles
on puisse veoir le fond S: alors ie regarde le lieu ou elle couppe la
base (sçauoir V) car autant de petites mesures que contiendra T V,
autant de pieds aura R S ou O P. Comme pour plus ample intelligence, si O T contient 20 mesures, & T V 25. il est certain que O
R estant de 20 pieds, R S sera de 25. aussi la ligne O S sera d'autant
de pieds, comme O V contiendra de petites mesures.

Comment sont mesurees toutes lignes droictes panchantes au long de quelque montagne ou autrement.

CHAPITRE V.

SOit la ligne panchante à mesurer A G, l'extremité de laquelle
A, soit accessible. Tire la ligne de costé A O, & la mesure: laquelle

pour exemple côtienne 60 toifes, apres mets l'inftrument au point
O, en forte que la bafe C D, auec la thefe O C, comprennent vn
angle egal à G A O, & que la thefe O C, foit directement fur la ligne droicte O A. Ce fait tu dois mouuoir la regle mobile O D, iufques à ce que au long d'icelle & directement tu voyes le poinct G,
comme O D G: alors icelle regle mobile couppant la bafe C D,
fera cognoiftre la diftance A G: car en ce petit triangle O D C,
equiangle & femblable au grand O G A, la ligne D C, parallele à
G A couppe les coftez O G, & O A proportionnellement, *par la 2*
du 6. & par confequent rend le petit triangle O D C equiangle &
femblable au grand O G A, *par la 4 du 6.* Si donc nous trouuons
au petit triangle O D C, que la ligne D C contienne 100 mefures,
defquelles O C en contiendra 60. il eft certain que G A contiendra 100 toifes, eftant A O de 60 toifes: Et fi la ligne O D contient
120 mefures, defquelles D C en contient 100 & C O 60: Il eft
auffi manifefte que toute la diftance O G contiendra 120 toifes,
par les prealeguees.

Par quel moyen font mefurees toutes lignes droictes tant orthogonelles que perpendiculaires.

CHAPITRE VI.

SI vne ligne droicte eft propofee à mefure, comme H L, de laquelle, partie foit efleuee orthogonellement par deffus le niueau de ton œil O, en partie abbaiffee perpendiculairement au
deffoubz: cherches *par le precedent chapitre* la lôgueur de la ligne O H,
laquelle pour exemple foit de 12 perches de longueur. Apres faits
prendre perpendiculairement la bafe, en forte qu'elle foit diftante
du pointO, de 12 petites mefures. Ce fait hauffe ou abbaiffe la regle
mobile O C, iufques à ce que droictement au long d'icelle tu
voyes le point L: alors regarde combien de petites mefures contient la ligne I C, defquelles I O en contient 12: car autant contiendra de perches la ligne H L, defquelles H O, en contiendra 12.
Et par exemple foit O I de 12 petites mefures. & I C de 11. Il eft
certain que H L fera de 11 perches de hauteur, *par les demonftrations*
precedentes. Que fi tu voulois feulement mefurer depuis le point D,
iufques à H, regarde ou le ray de ton œil O D couppe la bafe I C,
fçauoir en N, car telle raifon que I N, a en I O, telle & femblable a
la ligne H D, à ligne H O, *comme il a efté monftré.* Si dôc I N contient
en longueur 3. petites mefures, defquelles I O en contient 17. il reftera manifefte que H O eftant de 12 perches la ligne H D fera

de trois perches. Et si nous trouuons O C faire 13 petites mesures, nous ferons asseurez que toute la ligne droicte O L sera de 13 perches de longueur, *ce qu'il falloit demonstrer.*

Par quel moyen font mesurees toutes lignes droictes inaccessibles estendues en quelque inclination que ce soit.

CHAPITRE VII.

POur mesurer quelcóque ligne inaccessible en quelque inclinatió qu'elle puisse estre, cóme A B, cerches *par le premier chapitre,* les distances du lieu C, où tu seras iusques à chacune extremité d'icelle ligne, comme C A, C B: & posons C A estre de 18 toises, & C B 30. mets les deux regles de l'instrument en sorte que du point C, vne chacune respó de directemét aux extremitez de la ligne à mesurer, cóme C D A, C E B. Apres retire ou auáce tellemét la base D E, que depuis C, iusques à D, soyét 18 parcelles, & depuis C, iusques à

E (ou la baſe entrecoupera la mobile) 30 autres parcelles. Ce fait
regarde côbien de parcelles côtiédra D E, car d'autât de toiſes ſera
la ligne propoſee A B. La raiſon eſt d'autât que C D, & C E, eſtant
proportiónelles à C A, & C B, la ligne droicte D E ſera parallele à
A B, *par la ſeconde partie de la 2 du 6.* & ainſi le petit triágle C D E, ſera
equiangle & proportionnel au grand C A B, *par la 4 du 6.* Si donc
D E eſt de 23 petites meſures, A B ſera de 23 toiſes.

Ceſte ſeule demonſtration ſuffit pour cognoiſtre comment il
faudra meſurer toutes lignes droictes inacceſſibles eſleuees ſur
quelque montaigne, ou autrement inclinees comme on voudra:
Car les deux regles de l'inſtrument eſtant dreſſees directement
aux extremitez de la ligne propoſee, feront auec icelle vn grand
triangle: & lors ſi les deux coſtez ſont cogneuz *par le premier chapi-*
tre de ce liure il ſera facile de former le petit triangle, qui donnera incontinent congnoiſſance du grand, *ce qu'il falloit demonſtrer.*

A MONSEIGNEVR LE DVC DE BVILLON, PRINCE

souuerain de Sedan, Iametz, Raucourt, Vicomte de Turaine, &c. Mareschal de France.

Onseigneur, vous ayant par cy deuant faict veoir quelque eschantillon de ce traicté, qui n'estoit encor que demy esbauché, & maintenāt luy ayant donné sa derniere main, iay estimé estre de mon deuoir, vous presenter ce second liure de la mesure des superficies planes: Esperant qu'il vous sera aggreable, à cause de son subiect, & le receurez volōtiers de celuy sur lequel vous auez toute puissāce, & qui demeurera a iamais

De vostre Grandeur

Treshumble & tres-obeissant
Seruiteur I. Errard.

LE SECOND LIVRE
DE LA MESVRE DES
Superficies plane.

Comment sont mesurez les parallelogrammes rectangles.

CHAPITRE I.

Ombien qu'entre les superficies rectilignes, les triangles, selô l'ordre de nature, soyét les premiers, comme estant les plus simples, toutesfois pour le regard des mesures & dimensions des superficies, on a accoustumé de commencer par les quarrez & parallelogrammes rectangles, d'autant que d'iceux mesme depend la mesure des superficies triangulaires, lesquelles ne peuuent estre cognues n'i mesurees que premierement elles ne soyent reduictes en parallelogrammes rectangles, comme tous corps en rectangle solide.

De tout parallelogramme rectangle l'vn des costez estant multiplié par l'autre, produict le contenu de l'aire d'icelluy parallelogramme.

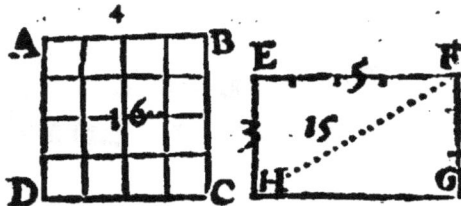

Soit premierement pour exemple le quarré A B C D, à mesurer duquel vn chacun costé soit de 4 pieds de longueur. Il conuient

multiplier l'vn des coftez par l'autre, fçauoir 4 par 4, & le produit 16, fera le contenu du quarré *fuyuant la 13 diffinition du 7
liure d'Euclide.*

Si le parallelograme rectagle EF GH, a l'vn des coftez de 3 pieds,
& l'autre de 5. il faut multiplier 3 par 5. & le product 15 fera le contenu du parallelogramme: C'eft à dire que vn pied quarré fera connu 15 fois en icelluy rectangle. Et cecy eft fuffifant pour faire entendre comment l'on doit mefurer par toifes, braces, aulnes & autres mefures, d'autant qu'en cefte demonftration on peut au lieu
de pied quarré, prefuppofer vne aulne quarree, vne toife quarree,
ou quelque autre mefure de laquelle on voudra mefurer la fuperficie propofee.

Que fi les coftez d'vn rectangle eftoient lignes incommenfurables ou indicibles, ne fe pouuans exprimer precifement par aucun nombre, alors

*Le quarré de l'vn des coftez du rectangle
multiplié par le quarré de l'autre cofté produict vn nombre, duquel la racine quarree
eft le contenu du rectangle propofé.*

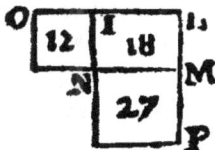

Comme foit le rectangle I L M N, duquel le cofté I N, foit la
racine de 12. & le cofté M N, la racine de 27. d'autant que *par la
1 du 6.* le quarré N P a telle raifon au rectangle M I, que la ligne
P M a à la ligne M L, (car ils font en mefme haulteur)& que le rectangle M I, a la mefme raifon au quarré N O : il eft euident que
le rectangle M I, eft moyen proportionnel entre les deux quarrez.
Si donc 12 eft multiplié par 27, il en prouiendra 324, defquels la racine quarree 18 (moyenne entre 12 & 27) fera le contenu du rectangle M I.

Corollaire 1.

*De la eft manifefte, que le contenu eftant donné, auec l'vn des coftez, il fe-
ra aifé trouuer l'autre.*

Car en diuifant tout le contenu par le cofté connu, le quotient
fera le cofté defiré: Cóme 15 diuifé par 5, fe trouuera pour le quotient 3, qui eft le cofté cherché: ou 15 diuifé par 3, fe trouuera 5
pour l'autre cofté. Ou bien fi le cofté N M, eft donné, & le contenu 18. il eft certain que le troifiefme nombre proportionnel 12
qu'eft facile à trouuer) aura pour racine l'autre cofté I N.

Corollaire 2.

Comme aussi le contenu estant donné, avec la raison des costez se trouvera la longueur d'vn chacun costé.

Comme en la precedente figure entre le quarré de EH, (qui est 9.) & le quarré de EF (25) le moyen proportionnel est 15, pour le contenu du rectangle E G, *par la 18 du 8.* Or la raison de l'vn des costez à l'autre soit comme 3, à 5. faut donc diuiser tout le contenu 15 par 5, & en prendre les trois cinquiesmes pour le quarré de l'vn des costez qui contiendra 9. duquel la racine quarree sera 3, pour la longueur du costé EH. Apres fault encore diuiser 15 par 3, & adiouster encor' deux tiers, qui feront en tout 25 pour le quarré de l'autre costé EF, duquel la racine quarree 5 sera la iuste longueur de EF.

Corollaire 3.

La diagonalle d'vn parallelogramme rectangle peult estre trouuee les deux costez estans donnez

Car il a esté dit es deffinitions, que la diagonale d'vn parallelogramme rectangle, le couppe en deux triangles rectangles, & egaulx entre eux. Et par la 47 du 1 d'Euclide, le quarré du costé qui soustient l'angle droict du triangle rectangle, est egal aux quarrez des autres costez du mesme triangle. Si donc les quarrez de NM, & NI, (de nostre derniere figure) contiennent ensemble 39 il est certain que la racine de ce nombre sourd 39. (qui est 6 & 3 treziesmes) sera la longueur de la diagonalle M I.

Comment sont mesurez les triangles rectangles.

CHAPITRE II.

De tout triangle rectangle, la moictié de l'vn des costez qui comprend l'angle droict multipliée par l'autre, comprenant le mesme angle, produict le contenu du triangle.

Comme du triangle rectangle ABC, la moictié du costé AB, c'est à dire 3. multipliee par BC, 8, produira 24, pour le contenu du triangle : la raison est, que le triangle rectangle est tousiours egal à la moictié du parallelogramme rectangle, qui aura BC, pour longueur & AB, pour largeur, comme il a esté dit en la deffinition.

Corollaire 1.

De la est manifeste que le contenu estant donné auec l'vn des costez qui comprend l'angle droict, il sera aisé de trouuer l'autre qui comprend aussi l'angle droict.

Car diuiſant le côtenu par la moictié du
coſté connu, le quotient ſera la longueur
de l'autre, comme 24 diuiſez par 3 ſont
pour quotient 8. qui eſt la longueur de
B C, ou bien 24 diuiſez par 4 ſont pour
quotient 6, pour la longueur de A B.

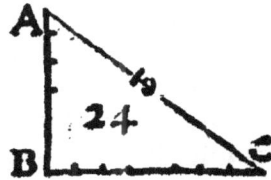

Corollaire. 2.

*Le contenu auſſi eſtant donné auec l'un des coſtez qui comprend l'angle
d'oict, les deux autres coſtez ſe pourront trouuer.*

Car par le corollaire precedent, les deux coſtez qui comprennēt
l'angle droict eſtans connuz, il eſt certain que le troiſieſme ſe trouuera par la 47 de 1 (le quarré fait du troiſieſme coſté, eſtant egal
x quarrez des deux autres coſtez qui comprennent l'angle
droict) Or le quarré de A B, eſt 36, & le quarré de B C. 64, leſquelz
conioincts font 100. duquel nombre, la racine quarrée 10, eſt la
iuſte longueur de A C.

Corollaire. 3.

*Il eſt auſſi euident que l'on pourra facilement trouuer le contenu d'un
triangle rectangle, les deux coſtez d'icelluy eſtans donnez tels que lon voudra.*

Car ſi A B, & C B, ſont donnez, on trouuera le contenu comme
il a eſté monſtré. Mais ſi A C eſt donné auec A B, faudra ſoubſtrai-
re le quarré de A B, (c'eſt à dire 36) du quarré de A C, qui eſt 100.
& la racine quarrée du reſidu 64 (laquelle eſt 8) ſera la longueur de
B C, par la 47 de 1. Tellement que les coſtez ainſi connuz le contenu ſe pourra trouuer ſans aucune difficulté.

Comment ſont meſurez les triangles ambligones.

CHAPITRE III.

*De tout triangle ambligone, le plus long coſté multiplié par la
moitié de la perpendiculaire qui tombe de l'angle obtus ſur ledict coſté, ou toute icelle perpendiculaire multipliee par la moitié
du plus grand coſté, produict l'aire du triangle.*

Comme du triangle ambligone
F G H, le plus long coſté de G
H, 21 pieds, multiplié par la moitié
de F K, (qui eſt la ligne tombante
perpendiculairement de l'angle obtus F, ſur ledict coſté G H, laquelle
nous poſons eſtre de 8. pieds) le produict 84 ſera le contenu de
tout

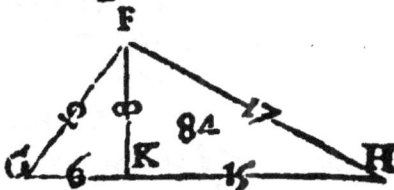

tout le triangle ambligone FG H: la raiſon eſt que la ligne K H, multipliee par la moitié de F K, produict le contenu du triangle rectangle FKH, & la ligne K G, multipliee par la moitié de F K, produict le contenu de l'autre triangle rectangle F K G, comme il a eſté monſtré au chapitre precedent, leſquels deux triangles ſont egaux au tout F G H.

Corollaire 1.

Les coſtez d'vn triangle ambligone eſtans donnez, ſe pourront trouuer les parties du coſté qui ſouſtient l'angle obtus diuiſé par la perpendiculaire.

CAr le quarré de F H, eſt moindre que les quarrez enſemble de G H, & F G, de la quantité deux fois du rectagle côprins ſoubz GH, GK: Ce qui ſe prouue ainſi. Le quarré de F H, eſt egal aux quarrez de FK, & KH, *par la 47 du 1.* Or le quarré de G H, eſt plus grand que le quarré de K H, de la quâtité du gnomon G I L: & le quarré de FG, eſt auſſi plus grâd que le quarré de FK, du quarré de GK, qu'eſt LM: Le gnomon dôc auec le quarré LM, eſt egal au rectangle compris deux fois ſoubz GH, GK: car M I, eſt egalle à H G, & G N egalle à GH, *par la conſtruction:* Il s'enſuit donc (GH eſtant 21, GF 10 & FH 17) que diuiſant ce que les quarrez de GH, & GF, ont plus que le quarré de FH (c'eſt à dire 252) par la ligne GH (qui eſt 21) le quotient 12 ſera double à la ligne GK: laquelle par ce moyen ſera connue eſtre de 6 pieds, & KH de 15.

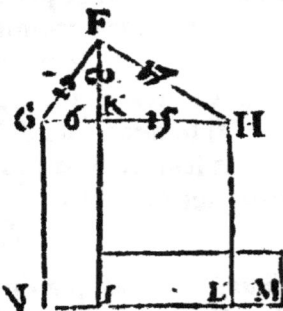

Corollaire. 2.

De la ſenſuit que les parties de la baſe ainſi trouuees, la perpendiculaire ſera facillement connue.

Car le coſté F G, a pour ſon quarré 100, lequel eſt egal aux deux quarrez de F K & K G, *par la 47 du premier.* ſi donc on ſouſtraict le quarré GK, (c'eſt à dire 36) de 100, reſteront 64 pour le quarré de FK, deſquels 64 la racine quarree 8 ſera la lôgueur de la perpendiculaire FK.

Corollaire. 3.

Les choſes ainſi demonſtrees cy deuant, il eſt euident que les trois côſtez d'vn triangle amblygone, eſtant donnés, ſe pourra encor trouuer la perpendi-

C

culaire qui tombera de l'angle aigu hors du triangle, sur l'un des coftez
prolongé, lequel est au long de l'angle obtus.

SOit donc le triangle ambligone
NPM, 7, 15, 20, l'âgle obtus d'icelluy au point P: Et le cofté MP, foit
prolongé vers O: Apres foit tiree la
perpendiculaire NO. il eft manifefte
par la 12 du 2, que le quarré du cofté
NM, qui fouftient l'angle obtus, eft
plus grand que les quarrez des deux
autres coftez de la quantité deux fois
du rectangle compris foubs le cofté
MP & la ligne entre la perpendiculaire & l'angle obtus, fçauoir
OP. Si donc on diuife par le cofté MP, ce dequoy le quarré NM
eft plus grand que les quarrés des deux autres coftés, c'eft à fçau-
oit 126 par 7: le quotient fera 18, double à la ligne PO, laquelle,
par ce moyen, fera de 9, lefquelz adiouftez au cofté PM feront
16. Or par la 47 du 1 le quarré de NM eft egal aux quarrez de
MO & ON: Si dôc le quarré OM (c'eft à dire 256) eft fouftraict
du quarté de NM, il reftera 144 pour le contenu du quarré de
NO, duquel nombre la racine quarree 12 fera la longueur de la
perpendiculaire NO. Quand donc on multipliera icelle perpendiculaire, par la moitié du cofté qui aura efté prolongé, ou la
moitié d'icelle perpendiculaire par le mefme cofté, il en prouiendra l'aire du triangle ambligone. la raifon eft, que ce triangle
eft egal au triangle rectangle, duquel les coftez comprenans
l'angle droict, font egaux aux lignes NO & PM. *Comme on peut*
colliger de la 38 du 1.

Corollaire 4.

Il s'enfuit auffi, que les deux coftez d'vn triangle amblygone donnés, auec
le contenu d'iceluy, le troifiefme cofté fe pourra trouuer.

Comme foit donné le contenu 42, & les deux coftez PM 7,
& PN 15 auffi donnez: faut diuifer 42 par la moitié de PM, ceft
a dire par 3 & demy, & le quotient 12, fera la longueur de la perpendiculaire NO: Or le quarré de NO (c'eft à dire 144) leué du
quarré de NP (qu'eft 225) reftera 81 duquel nombre la racine
quarree 9 eft la longueur de la ligne OP: laquelle ioincte auec
PM fera 16: Or le quarré de MO (fçauoir 256) ioinct au quarré
de NO (qu'eft 144) fera le nombre 400, duquel la racine quarree
20 fera la longueur du cofté cerché NM.

Que si auec le contenu, les deux costez NM & NP estoient donnez, faudroit diuiser le contenu 42, par la moitié du costé NP(c'est à dire par 7 & demy)& le quotient 5 & 3 cinquiesmes, seroit la longueur de la perpendiculaire, qui tomberoit de l'angle aigu M, sur le costé prolongé (NPI)le quarré de laquelle perpendiculaire monteroit au nombre 31 & 9 vingt-cinquiesmes, lequel leué du quarré M N (400) resteroit 368 & 16 vingt-cinquiesmes, pour le quarré de NI par la 47 du 1, desquels la racine quarrée 19 & 1 cinquiesme, seroit la longueur de NI, de laquelle si on soustraict le costé NP(qui est 15)restera seulement 4 & 1 cinquiesme pour la longueur de la ligne entre l'angle obtus & la perpendiculaire(sçauoir PI.)Or le quarré d'icelle ligne P I, c'est à dire 17 & 16 vingt-cinquiesmes, auec le quarré de la perpendiculaire(qui est 31 & 9 vingt-cinquiesmes)font le nombre 49: la racine quarree 7 sera donc la longueur du costé cerché PM.

Que si les costez du triangle ambligone estoient incommensurables, ne se pouuans exprimer par aucun nombre precis pour faire toutes les operations deuant dictes, alors

Faut cercher le troisiesme nombre proportionnel apres le quarré de l'vn des costez qui comprend l'angle obtus , & l'vn des rectangles, dont le plus grand costé differe en puissance des deux autres : & le soustraire du quarré de l'autre costé qui comprend le mesme angle, alors restera le nombre du quarré de la perpendiculaire.

Comme soit le triangle ABC,duquel AC soit le costé d'vn quarré contenant 206: CB, le costé d'vn autre quarré contenant 110:& AB d'vn autre contenant 36.faut soustraire 110 & 36 de 206, resteront 60, dõt la moitié 30 sera egale au rectangle compris de AB & BD, par la 11 du 2. le troisiesme nombre proportionnel apres 36 & 30 sera 25 pour le quarré de BD (car le rectangle BE est moyen proportiõnel entre les quarrez de A B, &

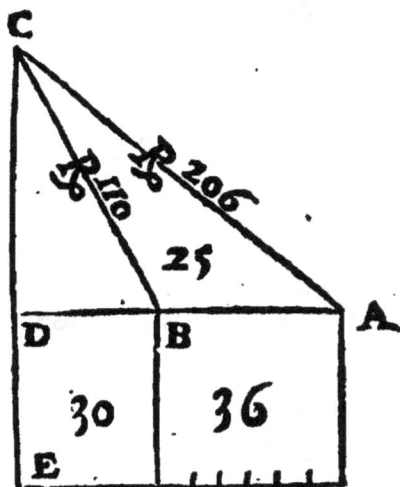

BD(comme il a esté monstré)& le quarré de CB est plus grand que le quarré de la perpendiculaire CD de ce troisiesme nombre

proportionnel(qui eſt EN 25)lequel ſouſtraict de 110, reſteront
80, pour le quarré de la perpendiculaire CD : le quart deſquelz
(qui eſt le quarré de la moictié de la perpendiculaire,) multiplié
par 36, feront 769, dont la racine quarrée(qui eſt preſque 27,)eſt
le contenu du triangle ABC. Et ainſi c'eſt ambligone eſt meſuré
comme rectangle, ayant ſa baſe AB, & ſa ligne orthogonelle, la
moictié de CA, *par les 37 & 38 du 1.*

Comment ſont meſureℤ les triangles oxygones.
CHAPITRE IIII.

Les triangles oxygones ſont meſureℤ, en multipliant l'vn
des coſteℤ, par la moictié de la perpendiculaire, qui tombe de
l'angle oppoſé ſur iceluy coſté, ou en multipliant toute la perpendiculaire, par la moictié du meſme coſté : & le produict
ſera le contenu du triangle.

Comme pour exem-
ple le triangle SNO, du-
quel le coſté NO(ſur le-
quel tombe la perpendi-
culaire) ſoit de 14 pieds,
& la perpendiculaire de
12.faut multiplier 14 par
6, & le produict 84, eſt
le contenu du triangle
donné, *par les raiſons du
chap.precedent.*

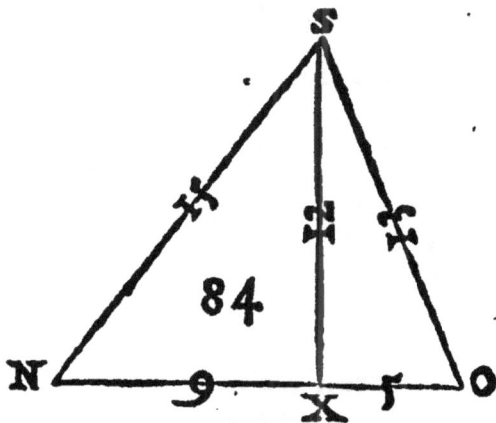

84

Corollaire I.

*Il eſt donc euident, que ſi tous les coſteℤ d'vn triangle oxygone ſont don-
neℤ, on pourra trouuer les parties du coſté ſur lequel tombera la perpendiculaire,diuiſé par icelle.*

Car le quarré du coſté N S eſt moindre que les quarrez des
deux autres coſtez,du rectangle contenu deux fois ſoubz N O,
OX, *par la 13 du 2.*

Or poſons NS de 15, SO de 13, & NO de 14. il faut ſouſtraire
le quarré de NS(qui eſt 225)des deux autres quarrez des coſtez,
(qui contiennent 365) & il reſtera 140, deſquels la moictié 70,

fera egalle au rectangle compris fouz NO, OX. Si donc on diuife 70, par la bafe NO(qui eft 14)le quotient fera 5, pour la partie XO, lefquels 5 fouftraicts de 14, reftera 9 pour l'autre partie N X.

Corollaire 2.

Il s'enfuit auffi que la perpendiculaire fera facilement trouuee.

Car le quarré SO, eft egal aux quarrez de SX & XO. Si donc
le quarré de X O (c'eft à dire 25) eft fouftraict du quarré S O
(qui contient 169)il reftera 144 pour le quarré de S X, defquelz
la racine quarrée 12, fera la iufte longueur de la perpendiculaire S X.

Corollaire 3.

Les deux coftez d'vn triangle oxygone donnez auec le contenu d'iceluy, fe
pourra trouuer le troifiefme cofté.

Comme foyent les deux coftez NO 14, & N S 15, dónez auec
le contenu 84. faut diuifer 84 par le cofté NO 14, & le quotient
6, fera la moictié de la perpendiculaire SX: Icelle perpédiculaire
fera donc de 12, le quarré de laquelle [144] fouftraict du quarré
de NS [225] reftera le nombre 81, pour le quarré de la ligne NX,
par la 47 du 1: la racine quarree duquel nombre [9] eftant la longueur de NX, fe uftraicte de NO, reftera 5 pour la lógueur XO:
mais les quarrez de SX & XO [c'eft à dire 169] font egaux au
quarré de SO : la racine quarree donc de 169 [fçauoir 13] fera la
iufte longueur de SO.

Que fi les coftez d'vn oxygone ne font point dicibles.

Cerches le troifiefme nombre proportionnel , apres le quarré du cofté
comprenant l'angle aigu fur lequel tombe la perpendiculaire & l'vn des re-
ctangles, duquel le quarré du cofté fouftenant ledict angle, eft different des
deux autres quarrés des coftés: Et iceluy nombre fouftrait du quarré du co-
fté comprenant le mefme angle (fur lequel ne tombe point la perpendicu-
laire) reftera le nombre de la perpendiculaire.

Soit la puissance de A B
200, de A C 150, de B C 130,
& soit souftraict 200 de 150
& 130 [qui font 280] reftera
80, dont la puiffance A B
differe des puiffances AC,
B C: la moitié donc [ſça-
uoir 40] eft egalle au rectangle de AC, CD, moyen pro-
portionnel entre le quarré
de A C & le quarré de D C.
Soit le troiſieſme proportionnel apres 150 & 40, le
nombre 10 & 2 tiers pour le
quarré de D C, lequel ſou-
ftraict de B C [qui eft 130]

reftera 119 & 1 tiers pour le quarré de la perpendiculaire, le quart
duquel [qui eft le quarré de la moitié d'icelle] multiplié par 150,
produit 4475, dont la racine quarree [preſque 67] eft le contenu
du triangle oxygone dóné: lequel par ce moyé eft meſuré comme rectangle ayant A C en longueur & la moitié de BD en largeur. Voyla dóc, tant en l'amblygone que en l'oxygone vne meſure plus preciſe qu'en cerchant la racine de chacun coſté.

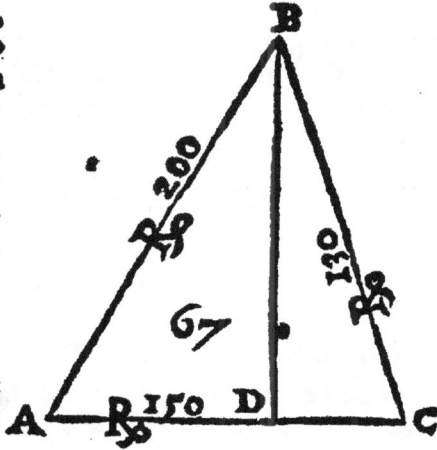

Corollaire 4.

Les choſes cy deuant ainſi demonſtrées, il s'enſuyura que tout triangle ſera
egal au quarré, duquel le coſté ſera la moyenne proportionnelle, entre la baſe
& la moictié de ſa perpendiculaire.

Comme ſoit le triãgle BCH,
reduict en parallelogramme rectangle BF: la ligne CF ſera dóc
egalle à la moitié de la perpendiculaire GH. Soit prolongee
la baſe BC iuſques à D, en ſorte
que CD ſoit egalle à CF. Soit
auſſi prolongee C F vers E, &
ſoit faict le demy cercle D E B.
Il eſt euident *par la 5 du 2*, que le

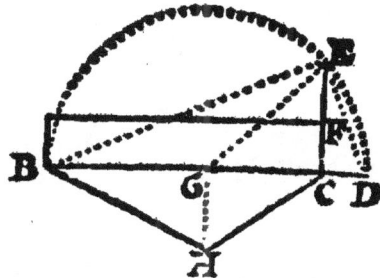

rectangle cópris de BC, CD, auec le quarré de GC, eft egal au
quarré de l'amoitié de BD, c'eſt à dire GE. Que ſi le quarré de
l'entremoienne GC commun, eſt oſté, il reſtera que le quarré de

EC fera egal au rectangle BF: car le quarré GE vaut les quarrez
de GC & EC, *par la 47 du 1.* Or que EC foit moyenne entre BC
& CD, il appert: car *par la 8 du 6.* le triangle BEC est equiangle à
EDC, telle raifon a donc BC à CE que CE à CD, *par la 4 du 6.*

Ce que i'ay penfé neceffaire a declarer, pour feruir es demonftrations fuyuantes.

●

Par quel moyen eft trouuée la capacité de tout triangle,
fans autre perquifition que des coftez.

CHAPITRE V.

Si les trois coftez d'vn triangle font fouftraicts feparé-
ment de la moictié du circuit dudict triangle, les trois differences, defquelles vn chacun cofté eft different de la moictié du circuit, multipliees, fçauoir la premiere par la feconde, *&* le produict par la troifiefme, *&* tiercement tout
le produict par icelle moictié du circuit du triangle, la racine quarree du dernier produict, fera le nombre du contenu
du triangle. C iiij

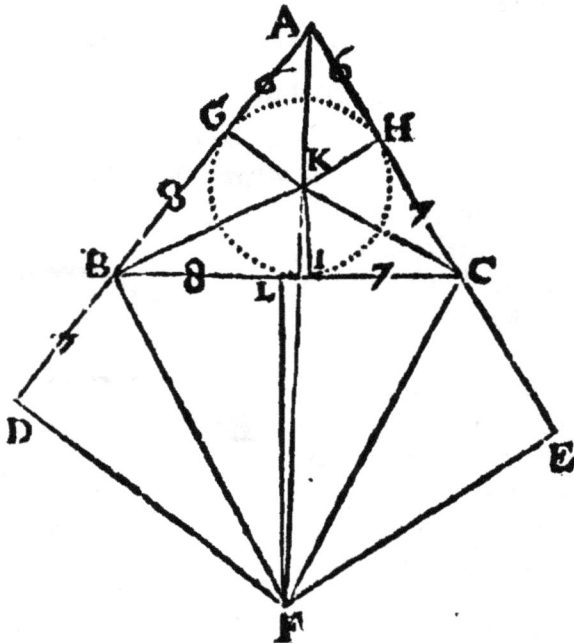

POur exéple, soit le triãgle ABC, duquel les costez sont 13, 14, & 15: ioincts ensemble font 42, la moictié est 21: de laquelle ie leue 13, restent 8: de laquelle encores ie leue 14, restent 7: & d'icelle encor ie leue 15 & restent 6. Ie multiplie donc la premiere difference 8, par la seconde 7, & le produict est 56, lequel ie multiplie par la troisiesme difference 6, & le produict est 336: ie multiplie encores ce nombre par la moictié du circuit du triangle 21, dont prouient 7056, desquels la racine quarrée 84, est la capacité du triangle proposé. Cela se prouue ainsi qu'il s'ensuit.

Mais, il faut estre aduerty, que si le costé d'vn quarré, multiplie quelque nombre, & derechef multiplie ce qui en prouient, tout le produict ensemble sera egal à ce qui sera faict du quarré du mesme costé multiplié par ce mesme nombre, par la 16, 17, 18 du 7. & par la 7 du 9.

Soit donc inscript au triangle le cercle, *par la 4 du 4.* & soyent tirees *par la 18 du 3.* les perpendiculaires KG, CK, KH, qui seront egalles, soyent aussi tirees KA, KB, & KC. Si donc on multiplie la moictié des trois costez AB, BC, CA, par KG, on obtiendra le contenu cerché: *par le 3 chap. de ce liure.*

Or entre le quarré de la ligne AD [laquelle nous posons estre egale à la moictié du circuit du triangle comme il sera monstré] & le quarré de GK, le rectangle compris soubz AD, GK [c'est à dire l'aire du triangle ABC] est le moyen proportionnel: d'autãt que le quarré de AD est soubz mesme hauteur que iceluy rectãgle, & cestuy, soubz mesme hauteur que le quarré de KG. Maintenant la ligne BG est egale à BI: CI à CH: AG à AH. *par la 4 du 1.* Si donc AB est prolongee iusques à D, en sorte que BD soit egalle à IC: il est euident que AD sera la moictié du circuit du triangle. Soit apres tiree en angles droicts la ligne DF, iusques à ce quelle rencontre la ligne droicte AkF. Apres soit prolongee AC iusques à E en sorte que CE soit egalle à BI: alors AE sera egalle à AD. soit aussi tiree EF, laquelle sera egalle à DF *par la 4 du 1.* [d'autant qu'elles sont subtendentes, vne chacune de la moitié de l'angle du poinct A.] Soit aussi menee FC: Apres soit faicte BL egalle à BD, & soyent tirees FB, FL. Il est manifeste que le quarré de FC [estant egal aux quarrez de CE, EF] n'excedera le quarré de FB, que de ce que le quarré de CE [c'est à dire CL] excedera le quarré de DB, ou BL. Il s'ensuit donc [comme on peut colliger de la 13 du 2] que FL est perpendiculaire sur BC, & par consequent l'angle BLF droict. La figure donc quadrangulaire DBLF, ayant deux angles droicts nous faict cõnoi-

ſtre que les autres angles D B L & D F L, ſont egaux à deux
droicts, *comme on peut colliger de la 32 du 1*, Comme ſont auſſi
D B L, & A B L *par la 13 du 1*. Si donc le commun angle D B L
eſt oſté, les deux reſtans DFL & ABL feront egaux : C'eſt à dire le demy angle D F B au demy angle A B k. dont s'enſuyura
que le triangle G k B, ſera equiangle à B D F, & que le rectangle compris ſoubz Gk, DF, ſera egal au rectangle de G B, B D,
par la 16 du 6.

Or le quarré de G k, eſt au rectangle compris ſoubz DF, Gk,
comme la ligne G k à la ligne DF, *par la premiere du 6*: laquelle
eſt comme A G à A D *par la 4 du 6*. Parquoy la raiſon de A G
à A D, ſera comme le quarré de k G au rectangle compris ſoubz
D F, k G, c'eſt à dire au rectangle de G B, B D. *par la 11 du 5*. Voila donc quatre grandeurs proportionnelles : Sçauoir comme la
ligne A G, eſt en la ligne A D, ainſi eſt le quarré de la perpendiculaire k G, au rectangle de G B, B D : Tellement qu'en multipliant le quarré de la perpendiculaire G k par la ligne A D, il
en ſera produict autant, comme en multipliant le rectangle de
G B, B D, par la ligne A G, *par la 16 du 6*, [Qu'eſt multiplier
les trois differences, comme il ſera monſtré cy apres] & ce
produict ſera 336 : mais ſi ce produict eſt multiplié derechef
par A D, il en ſera faict 7056, qu'eſt autant comme ſi le quarré de A D multiplioit le quarré de k G, *comme il a eſté dict*:
donc la racine quarrée 84, eſt la moyenne proportionnelle entre le quarré de A D & le quarré de k G, *par le corollaire de la 17
du 6*, & par conſequent, egalle à la capacité du triangle A B C,
eſtant l'aire du triangle moyen, entre leſdicts deux quarrez, *comme il a eſté dict*

Or que G B, B D, & A G, ſoient les trois differences, il ſe
prouue ainſi. La ligne A D eſt la moictié du circuit du triangle,
la ligne A B faict 14, B D ſera donc 7 [c'eſt à dire I C] Qui
eſt l'vne des differences, de laquelle le coſté A B eſt moindre
que A D.

Secondement B G eſt egalle à B I, *par la 4 du 1*, laquelle B I
doit contenir 8, eſtant B C de 15. Il s'enſuit donc, que G D eſt
egalle au coſté B C, & differe de A D, de la ligne A G, qui eſt
vne autre difference contenant 6. Tiercement B D eſt egalle à
I C [c'eſt à dire à H C] & G A à H A, *par la 4 du 1*, il reſte donc
manifeſte le coſté A C eſtre different de A D, de la ligne G B
(qui eſt 8) *ce qu'il falloit demonſtrer*.

De la mesure des rhombes, & rhomboïdes.

CHAPITRE VI.

Les rhombes sont mesurez, en multipliant l'vne de leur diagonale par la moitié de l'autre, & le produict sera le contenu du rhombe.

Comme du rhôbe ABCD, la diagonalle D B soit 16, & A C 12: ie
multiplie 16 par 6 & trouue 96, pour
le contenu: la raison est euidente,
d'autât que le rhombe est diuisé par
sa diagonalle, en deux triangles e-
gaux, *comme la figure le monstre.*

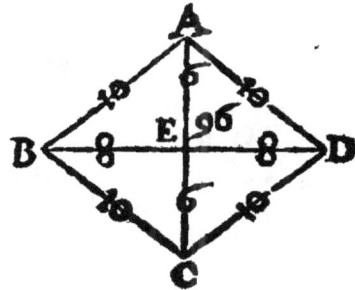

Corollaire 1.

*De la s'ensuit, que les diametres estans
donnez, on trouuera le costé du rhombe.*

Car les quarrez des deux demidiametres ioincts ensemble
sont egaux au quarré du costé, *par la 47 du 1*, comme le quarré de
A E 36, ioinct auec le quarré de EB, 64, faict 100, desquels la racine 10, est la longueur du costé A B.

*Les Rhomboides se mesurent, en multipliant l'vne de leur
diagonalle, par la perpendiculaire, qui tombe de l'angle opposé sur icelle: ou en multipliant l'vn des costez, par la perpendiculaire qui tombe de l'autre costé opposé, & parallele sur
iceluy: & le produict sera l'aire d'iceluy rhomboide.*

Comme soit le rhomboide
E F G H, duquel la diagonale
H F, contienne 16, & la perpédiculaire E I, 3: ie multiplie 16
par 3, dont prouient 48 pour el
contenu de tout le rhomboi-
de: & ce d'autant qu'il est reduict en deux triangles egaux: tellement que la diagonalle ainsi multipliee par toute la perpendiculaire produict tout le contenu des deux triangles, qui compo-
sent le rhomboide.

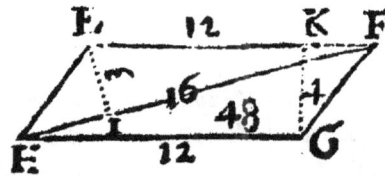

Ou autrement, multiplie la ligne EF (que nous posons de 12)

par la perpendiculaire k G de 4, & le produict fera de mefme: Et
ce d'autant que le parallelogramme rectangle qui aura mefme
bafe & hauteur, fera egal au rho~ boide donné, *par la 35 du 1.*

Des trapezes, & autres figures irregulieres.

CHAPITRE VII.

Les trapezes, & autres figures rectilignes irregulieres, tombent außi foubz la mefure & fans difficulté, eftans reduicts
en triangles, ou parallelogrammes.

Comme le trapeze M N O P, duquel les deux coftez parallelz
M N, P O, foyēt 5 & 10 : ie multiplie
O T, (c'eft à dire 7 & demy) par la ligne perpendiculaire M T qui contiét
4, & le produict 30, eft le contenu du
trapeze M N O P : car il vaut autant
comme le parallelogramme MSOT,
eftant le triangle M P T de dehors,
egal à celuy qui y eft adioufté N S O :
*comme on peut colliger tant des definitions des parallelogrammes, comme de
la 4 & 34 du 1.*

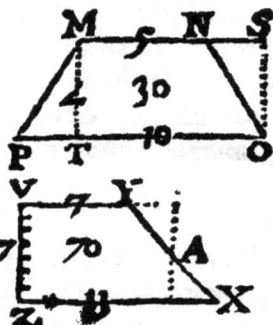

Le trapezoide V Y X Z, qui a deux angles droicts, eft mefuré
en cefte forte. Regarde combien Z X eft plus long que V Y, &
pofe que ce foit de 6, eftans V Y de 7, & Z X de 13 : duquel auantage prends la moictié, & l'adioufte à V Y, tu auras 10, lefquels
multipliez par V Z (c'eft à dire par 7) feront 70 pieds, pour le
contenu vniuerfel du trapeze : la raifon de ce eft, d'autant que le
rectangle contenu foubs 10 & 7 (eftant le triangle X A egal au
triangle A Y) eft egal au trapeze donné.

Corollaire 1.

Les autres trapezoides font mefurez eftans reduicts en triangles.

Comme de la tablette A B C D, eftant
couppee en deux triangles par la ligne
droicte A C, le contenu fera facilement trouué, en mefurant les triangles
à part, *comme il a efté monftré cy deuant:* Cōme pour exemple le triangle : A B C, a
trois coftez de 11, 7, 6, qui font 24, la moictié eft 12, de laquelle

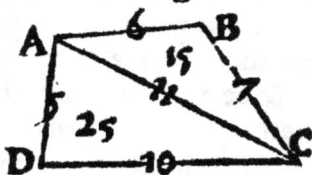

ie leue 7,reſtent 5,ie leue 6,reſte 6,ie leue 11 & reſte 1: ie multiplie donc 5 par6,dont prouient 30:puis ce produict multiplié par
l'autre difference 1, ne faict que 30 : puis derechef 30 multiplié
par 12,prouient 360,deſquels la racine quarree 19,eſt le contenu
du triangle ABC. L'autre triangle A C D eſtant meſuré de meſme pourra contenir enuiron 25, leſquels ioincts au contenu de
l'autre triangle 19,font enſemble 44, pour tout le contenu de la
figure ABCD. Et ainſi ſeront meſurées toutes autres figures
quadrilateres,reduictes en deux triangles.

Corollaire 2.

*Toutes autres figures de plus de quatre coſtez, & irregulieres, tombent
auſſi ſoubs la meſure,eſtans reduictes en triangles.*

Pource que les ſuperficies des triangles
particuliers miſes enſemble, compoſent l'aire
& contenu de la figure irreguliere, *comme on
void en ceſte figure.*Iceux triangles pourrôt eſtre
meſurez comme nous venôs de monſtrer, en
la meſure des trapezes: ou bien en multipliant
la baſe de chacun triangle, par la moictié de la perpendiculaire,
qui tombe de l'angle oppoſé ſur icelle, *ainſi qu'il a eſté monſtré aux*
3 & 4 chap. de ce liure.

Comment tombent ſoubs la meſure les polygones reguliers.

CHAPITRE VIII.

Les figures,ou polygones reguliers de plus de quatre coſtez,
ſont meſurez en multipliant leur circuit, par la moictié de la
perpendiculaire, qui tombe du centre en angles droicts, ſur
l'vn des coſtez.

COmme le pentagone ABCDE, compoſé de cinq triangles
Iſoſceles egaux, deſquels la baſe d'vn chacun ſoit 12, & la
perpendiculaire qui tombe du centre ſur chacune baſe au coſté,
8 & 1 tiers:il eſt manifeſte que chacun triangle meſuré à part côtiendra 50:car multipliant C D, par la moictié de la perpendiculaire F G,il en viendra le meſme. Si dôc tout le circuit ABCDE
eſt multiplié par la moictié de la perpendiculaire (c'eſt à dire par
4 & 1 ſixieſme)le produict 250,ſera egal au pentagone donné.
   Ainſi en ſera il de l'exagone, qui eſt compoſé de ſix triangles

Ifopleures, & egaux, multipliant I K
par la moictié de L M, il en fera produict le contenu de chacun triangle.
Si donc on multiplie tout le circuit de
l'hexagone(qui faict 60)par la moitié
de L M(qui eſt enuiron 4 & 1 tiers)il
en prouiendra 141 & 1 tiers : lequel
nombre fera egal à l'aire, & au contenu de tout l'hexagone.

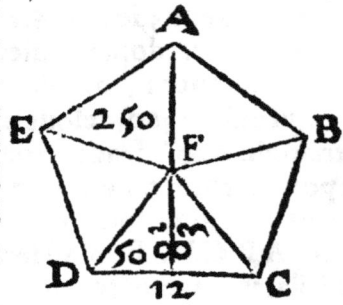

En toutes autres figures regulieres
(comme heptagone, octogone, & les
autres)le meſme fe demonſtre:Car en
multipliant le circuit par la moitié de
la perpendiculaire qui tombe du centre fur chacun coſté, il en prouiendra le contenu de la figure entiere.
Que fi les coſtez des figures regulieres font incómenſurables auec leur
demidiametres, & que les quarrez de ceux cy foient congnuz,
elles feront meſurees comme il a eſté monſtré au corollaire 4.
du chap. 3 de ce liure.

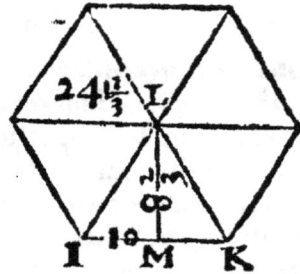

Et pource que toute fuperficie rectiligne de pluſieurs coſtez,
eſt diuiſée en triangles, il fera facile de monſtrer par quel
moyen,

*Tout triangle fera diuiſé par lignes droictes & paralleles, & que les
portions d'iceluy, auront telle proportion qu'on voudra.*

Soit donc le triangle propoſé B C D,lequel on deſire
diuiſer en trois parties egalles, par lignes droictes & paralleles. Il conuient deſcrire
vn quarré N M L D,de meſ-
me hauteur que le triangle,
& le diuiſer en trois parties
egalles, & icelles reduire en quarré, en forte que le premier foit
egal à la tierce partie de tout le quarré & le fecód aux deux tiers,
& les diſpoſer(ainſi qu'il eſt icy monſtré)fur la ligne N D : alors
faudra tirer les paralleles F E, H G,lefquelles diuiſeront le triangle felon la proportion donnee. La raiſon eſt, que le triangle eſt
diuiſé proportionnellement,comme l'autre triangle N D L, *par
la 1,2,10 & 22,du 6.*

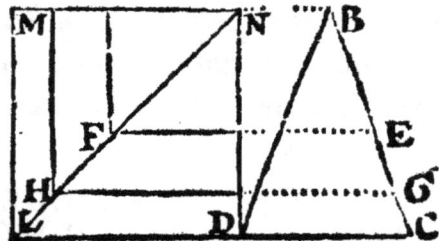

De la mesure du cercle.

CHAPITRE IX.

MEsurer l'aire d'vn cercle, & celle d'vn polygone, est vnë mesme chose. Et comme nous auons cy deuant monstré, qu'il faut prendre vne ligne droite egale au circuit du poligone, & la multiplier par la moitié de la perpendiculaire tiree du centre sur chacun costé, pour auoir le contenu du polygone, ainsi,

Pour obtenir le contenu d'vn cercle, il conuient multiplier sa circonference, par la moitié de la perpendiculaire, c'est à dire, par la moitié du demidiametre dudit cercle, & le produit sera le contenu dudit cercle.

Car le triangle rectangle, qui a l'vn des costez comprenant l'angle droict, egal au demidiametre du cercle, & l'autre costé comprenant le mesme angle egal à la circonference du cercle, est egal à la superficie du mesme cercle, comme il sera monstré.

Soit le cercle A B C D, & le triangle rectangle H A G: duquel le costé H A, soit le demidiametre du cercle: & A G soit egal à la circonference du cercle. Maintenant presupposons la superficie du cercle estre plus grande que le triangle. Premierement il est notoire qu'au cercle peust estre inscripte vne figure rectiligne, & de tant de costez, qu'elle pourra estre en fin plus grande que le triangle: car entre deux grandeurs inegalles, peuuent estre infinies grandeurs inegalles, *par la commune sentence premise.* Il est certain que le circuit de telle figure rectiligne inscripte, sera plus courte que la circonferece du cercle, c'est à dire que AG, & la ligne perpendiculaire tiree du centre sur l'vn des costés de la figure, sera aussi plus courte que le demidiametre du cercle (c'est à dire H A): & pourtant icelle figure rectiligne deuroit aussi estre plus petite que le triangle HAG, ce qui a esté posé autrement.

Apres pofons que la fuperficie du cercle eft plus petite que le triangle. Nous pourrons auffi circonfcrire au cercle vne figure rectiligne, & de tant de coftez, quelle pourra en fin eftre moindre que le triangle : Or le circuit de telle figure, eft plus grand que la circonference du cercle(c'eft à dire que AG):& la perpendiculaire du centre tombante fur l'vn des coftez d'icelle figure, eft le demidiametre du cercle, fçauoir HA. Il fenfuiura dóc que le triangle HAG, fera plus petit que la figure circonfcripte. Ce qui eft abfurde. Il eft donc egal à la fuperficie du cercle ABCD.

Mais d'autant que iufques à prefent, la iufte longueur de la circonference du cercle n'a point efté trouuee: on a accouftumé d'vfer de l'inuention *d'Archimedes*, laquelle eft plus prompte, & plus approchante de la iufte mefure que nulle autre. Cefte inuention eft que.

La circonference du cercle, contient trois fois le diametre, & peu moins d'vne feptiefme partie d'iceluy diametre, & plus de la buictiefme partie du mefme diametre.

Ce qui fe demonftrera ainfi que fenfuit. Soit le centre X, le diametre PB, la circonference PSB, la ligne contingente le mefme cercle ET, au point B. L'angle EXB, foit la tierce partie d'vn droict, & double à GXB: ceftuy double à HXB: ceftuy-cy double à IXB: & finalement ceftuy double à LXB.

La raifon de EX à XB fera comme EG à GB : *par la 3 du 6,* & ainfi de tout le refte, les coftez d'vn triangle, duquel l'angle eft diuifé en deux egallement, ont telle raifon l'vn à l'autre, que les parties de la bafe.

Et conioinctement, la raifon de EX & XB enfemblement, à XB, eft femblable à celle de EB à la partie GB *par la 18 du 5.* & ainfi de tous les autres triangles les deux coftez enfemble ont telle raifon à l'vn, comme toute la bafe à la partie de la bafe vers le cofté auquel on au raegard.

Et alternement, la raifon EX & XB à BE, eft comme la ligne XB à BG *par la 16 du 5.* & ainfi de tous les autres triangles fuiuans les deux coftez enfemble auront mefme raifon à la bafe, que le plus petit cofté à la plus petite partie de la bafe diuifee comme dit a efté, par la ligne qui coupe langle en deux egal:ment.

Pofons donc premieremeut que EX contient 22 parties. EB eftant egale à la moitié de EX contiendra 11. & le quarré de 11 (c'eft à dire 121) foubftrait du quarré de 22 (c'eft à dire de 484) reftera 363. defquels la racine quarree qui eft prefque 19 & 2 tré-

teneufiemes fera le cofté dicible X B *par la* 47 *du* 1. Or la raifon
de la ligne XB à la ligne EB eft dôc plus grande que 19 & 2 tren-
teneufieme à 11, *par la* 8 *du* 5: & par confequent les lignes EX &
X B conioinctes ont vne plus grande raifon à la ligne E B que
41 & 2 tréteneufieme à 11. Et auffi la ligne XB à BG. Si donc XB
eft pofé de 41 & 2 trenteneufiefmes, & BG 11, leurs quarrez enfé-
ble feront 1806 & plus d'vn quart: duquel nombre la racine
quarree 42 eft la longueur dicible de X G. dont eft manifefte que les deux lignes enfemble GX & XB ont vne plufgrande
raifon à BG que 41 & 2 trenteneufiefmes & 42 & demy (qu'eft
peu moins de 83 & 7 treziemes) à 11: & par confequét XB à BH.
Soit dôc XB pofé de 83 & 7 treziemes & BH de 11: Leurs quarrez ioints feront 7099: La racine quarree fera peu plus de 84 & 1
quart pour la longueur dicible de XH. Dont eft euident que les
lignes H X & XB ont vne plus grande raifon à BH que 8, & 7
treziemes & 84 & 1 quart(qu'eft prefque 167 & 4 cinquiémes)
à 11: & par confequent la ligne XB à BI. Soit derechef XB 167
& 4 cinquiémes & BI 11: leurs quarrez ioints feront 28277, defquels la racine quarree(qui eft peu plus de 168 & 1 feptiéme) fera pour la longueur dicible de XI: & par ainfi eft clair que les lignes IX & XB enfemble ont plus grande raifon à BI que 167
& 4 cinquiémes & 168 & 1 feptiefme(qu'eft prefque 336) à 11: &
par confequent la ligne B L, & le diametre P B, (double à X B)
à L M(que nous pofons double, à B L) auront vne plus grande
raifon qu e 336 à 11.

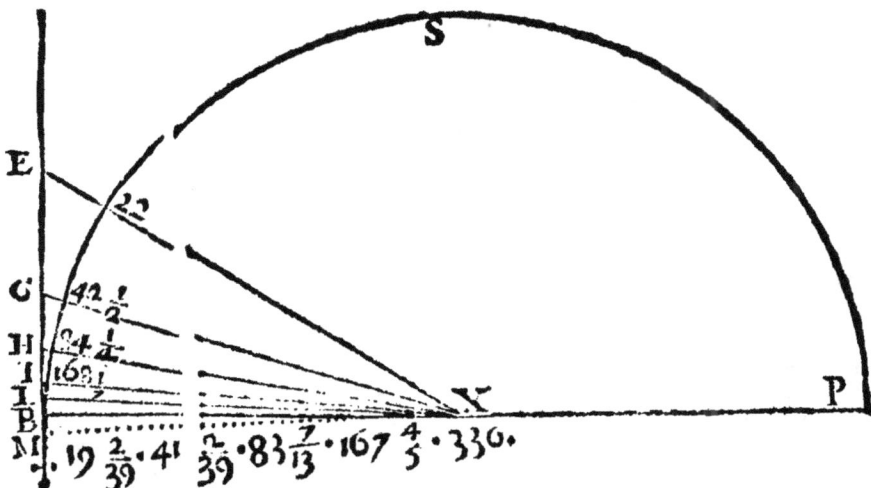

Or L M eft le cofté d'vn polygone de 96 coftez, tellemét que
96 mul-

96 multipliez par 11 font 1056 pour le circuit dudict polygone
& le diametre eſtant poſé de 336 & ſouſtraict 3 fois de 1056, reſtera 48, qu'eſt la ſeptieſme partie de 336. Or le diametre du cercle & du polygone eſt vne meſme *par la conſtruction*, & la circonference du cercle moindre que celle du polygone: dõt ſenſuyt.a
finalement que la circonference du cercle eſt moindre que trois
fois & vne ſeptieſme partie de ſon diametre.

En aprés. Soit le cercle propoſé B C D, dans lequel ſoient tirez tous les triangles rectangles, en ſorte que le plus grãd CBD,
ait l'angle C B D egal à la tierce partie d'vn droict, & qui ſoit
double à E B D, & ceſtuy-cy double à G B D, & encores ceſtuy
cy double à I B D, & finallement ceſtuy double à M B D: il eſt
euidẽt que le triãgle B C F eſt equiãgle à B E D, BEH à BGD,
B G L à B I D: finallement B I N à B M D: car ils obtiennent
chacũ vn angle droit *par la 31 du 3*, & les angles au point B egaux,
dõt s'enſuit qu'eſtans equiangles ils ont les coſtez proportionnaux : *par la 4 du 6*. Aprés il a eſté monſtré que comme D B &
B C conioinctement à C D, ainſi B C à C F, & ainſi des autres
triangles ſuyuans.

Poſons donc B D de 30 parties, C D en aura 15, & B C peu
moins de 26. Parquoy la ligne B C aura plus petite raiſon à la ligne C D, que 26 à 15: Donc la cõpoſee de B D & B C à la ligne
C D (ceſt à dire la ligne B C à C F, ou B F à E D) aura vne plus
petite raiſon que 30 & 26 (ſçauoir 56) à 15.

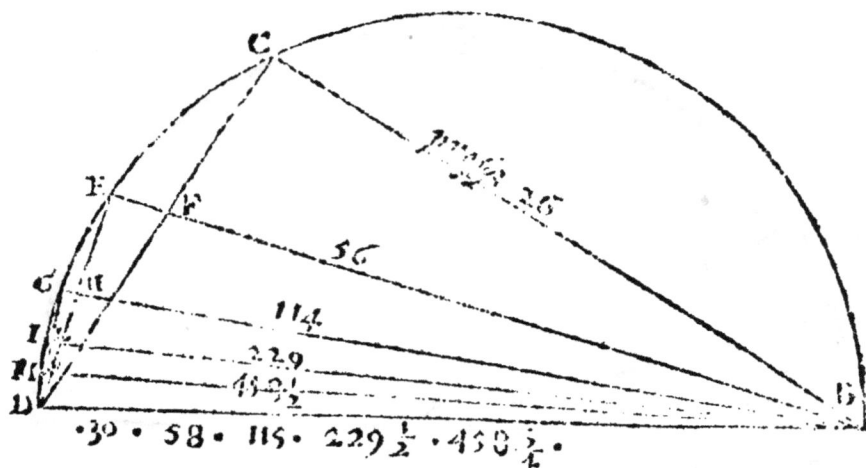

Si doncques nous poſons B E faire 56, & E D 15, le coſté B D
ſera preſque 58, *par la 47 du 1* donc les lignes B E & B D à D E
(ceſt à dire B G à G D) auront plus petite raiſon que 56 & 58

D

(cest 114)à 15. Si donc B G 114,& G D 15, le costé B D sera presque 115. Dôc les lignes B G & B D à G D(c'est à dire B I à I D)
auront plus petite raison que 114 & 115(qui sont 229)à 15. Soit
derechef B I 229, & I D 15. le costé B D sera presque 229 & demy. Donc les lignes B I & B D à I D(c'est à dire B M à M D)
auront plus petite raison que 229 & 229 & demy (qu'est 458 &
demy) à 15. Soit finallement posé B M de 458 & demy & M D
de 15. Le costé B D sera presque 458 & 3 quarts. Il est donc euident que M D est le costé d'vn polygone de 96 faces, qui aura
de circuit 1440:dans lequel nombre se trouue trois fois 458 & 3
quarts & restent 63 & 3 quarts : mais ce nombre est plus de la
huictiesme partie de 458 & 3 quarts (car la huictiesme partie est
57 & 11 trentedeuxiesmes seullement.) Il s'ensuit donc que le
cercle(qui est plus grand que le polygone)contient trois fois le
diametre B D , & plus d'vne huictiesme partie d'iceluy diametre. Mais il a esté monstré cy deuant que la circôference du mesme cercle contient trois fois le diametre & moins d'vne septiesme partie. Ie concluds donc, que ladicte conference contient
trois fois le diametre , & moins d'vne septiesme partie , & plus
toutesfois d'vne huictiesme partie *ce qu'il falloit demonstrer*. Mais
d'autant que 63 & 3 quarts sont plus pres de la septiesme partie
du diametre (laquelle est 65 & 15 vingthuictiesmes) que de la
huictiesme(laquelle est 57 & 11 trentedeuxiesmes)on a accoustumé pour approcher plus pres de la chose mesme, donner à la
conference du cercle trois fois le diametre & vne septiéme partie. Ceste demonstration est d'Archimedes , & non le nombre
que nous prenons(qui est plus petit)pour la facilité.

Soit donc le cercle à mesurer
A B C D, duquel le diametre soit
14 pieds,la circonference sera 44,
par les demonstrations precedentes , es-
quelles aussi a esté monstré,que la
circôferéce multipliee par la moitié du demidiametre produict le
contenu d'i cercle:multipliant dôc
44 par 3 & demy,ou 22 par 7 , en
prouiendra pour la superficie du
cercle 154 pieds.

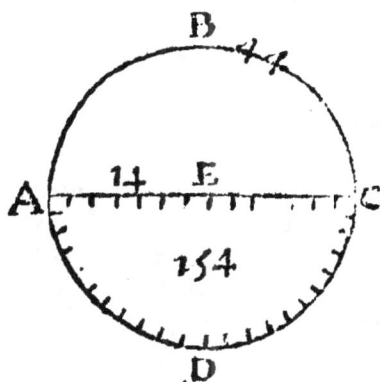

Corollaire 1.

Toutes les parties du cercle seront aussi facilement mesurees.

Comme le fecteur A B F C, la ligne circulaire ou bafe duquel nous pofons eftre de 12 pieds: il faut donc par l'inftruction de ce chap. multiplier 12 par 3 & demy, ou 6 par 7, & ce qui en prouiendra (fçauoir 42) fera le contenu du fecteur propofé: iceux 42 leuez de 154, reftent 112, pour le contenu de l'autre plus grand fecteur B D C A.

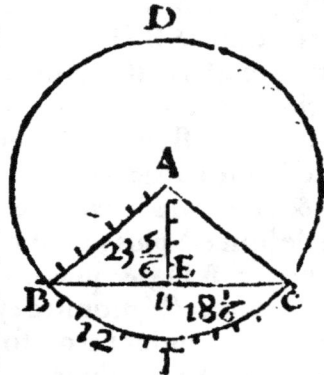

Que fi on veut mefurer l'vne & l'autre fectió, fçauoir B E C D & B E C F, il faut regarder de cóbien eft la ligne droicte B C: & pofé icelle eftre de 11 & la perpédiculaire A E de 4 & 1 tiers, puis multiplie la ligne droicte B C par la moitié de la perpendiculaire *fuyuãt l'inftruction du chap. 3 & quatriefme de ce liure.* ou bien mefure le triangle B C A, *cóme il a efté monftré au chap. 5.* Ainfi nous trouuerons que 11 fois 2 & 1 fixiefme font 23 & 5 fixiefmes pour le contenu du triangle, lequel fouftrait du fecteur A B F C (c'eft à dire de 42) refteront 18 & 1 fixiefme pour la fectió B C F: iceux 18 & 1 fixiefme leuez derechef de tout le cercle (fçauoir de 154) refteront 135 & 5 fixiéfmes pour l'autre fection B D C.

Corollaire 2.

Il s'enfuyura auffi que la fection d'vn cercle par vn autre cercle pourra eftre mefuree.

Comme foit la fection à mefurer A B D C d'vn cercle qui a 14 pieds de diametre, couppee par vn autre cercle A L D C, duquel le diametre eft 21 & la conference 66 Il faut mefurer le fecteur M A D par le *Corollaire precedent:* Pofons donc la ligne circulaire ou bafe du fecteur A C D eft de 12 pieds & demy: maintenant il conuient multiplier 12 & demy par la moitié du demi-diametre C M (c'eft à dire par 5 & 1 quart) & en prouiendra 65 & 5 huictiefmes pour le contenu du fecteur M A C D: defquels il faut leuer le triangle rectiligne A D M, duquel chacun des deux coftez M A, M D, faict 10 & demy: & la ligne droicte A D enuiron 12, la perpendiculaire M O 8, & 2 tiers laquelle multipliee par D O (c'eft à fçauoir par 6) produira 52 pour le contenu du triangle: iceux 52 fouftraits du fecteur M A C D qui contié 65 & 5 huictiefme refterale nombre 13 & 5 huictiefmes pour la fection A O D C.

Ce faict faut mefurer le fecteur
F A E D: pofons dôc l'arc A E D
de 14: Et pource que 14 fôt la tierce partie de toute la circonference 44, il s'enfuyura que le fecteur
F A E D fera auffi la tierce partie
du contenu du cercle A E D B &
contiendra 51 & 1 tiers: mais il faut
maintenát ofter le triangle rectiligne A D F pour obtenir le contenu d'vne chacune fection. Il a
efté dict, que F D eft de 7, côme
auffi F A de 7, & A D 12. Si donc
on multiplie O F par O D (c'eft à

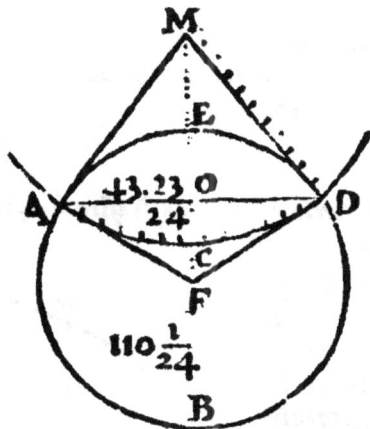

dire 3 & demy par 6) il en prouiendra 21 pour le côtenu du triangle A D F, lefquels 21 oftez du fecteur 51 & 1 tiers reftera 30 &
1 tiers que contiendra la fection A O D E. Et par ainfi il eft manifefte que l'autre fection A O D B contiédra 123 & 2 tiers, defquelz fi finallement nous leuons la fection A O D C, qui contient 13 & 5 huictiefmes, reftera le nombre 110 & 1 vingt-qua-
triefme, qui fera le contenu de la fection courbeligne A C D B.
Que fi on adioufte les mefmes 13 & 5 huictiefmes (à l'autre
A O D E qui côtient 30 & 1 tiers) on aura 43 & 23 vingtquatrié-
me) pour le contenu de l'autre figure courbeligne A E D C A.

Corollaire. 3.

*Les chofes ainfi demonftrees, la fuperficie du cercle pourra eftre diuifee
en fections qui auront telle proportion qu'on voudra.*

Soit pour exemple le demicercle B C D à diuifer en deux de-
mifections lefquelles ayent telle proportion l'vne à l'autre que la
circonference B E à la circonference E D. Il eft notoire *par les
precedentes* que le fecteur E B A a la mefme proportió au fecteur
E D A. Soit dôc faict le demicercle D K A, apres adioufte au fecteur D E A vn autre fecteur E F A, en forte que la bafe d'iceluy E F foit egalle à la ligne droicte I K (i'entends felon la vulgaire tradition d'Achimedes) laquelle I K foit auffi parallele à
C A, & couppe le cofté F A au mefme point K. Ce fait tire la
ligne F H parallele à C A, & tu auras la demifectió D F H egalle au fecteur D E A. La raifon eft que le fecteur E F A, eft egal
au triangle rectiligne D K A *par la conftruction*, & par confequen
au triangle F H A. *comme on peut colliger par la 36 du 6. c eft cinen*

que le triangle commun F L A eſtant oſté, l'eſpace E F L ſera
egal au triangle L H A. Que ſi on veut acheuer tout le cercle on
aura les ſections toutes entieres qui auront l'vne à l'autre la meſme proportion.

Corollaire 4.

*Le cercle pourra auſſi eſtre diuiſé en telle proportion qu'on voudra, par
vn autre cercle.*

Cóme ſi ie
veux diuiſer
le demy cer-
cle de la fi-
gure preſen-
te en telle
proportion
que D O à
B O. Ie diui-
ſe en deux
egallement

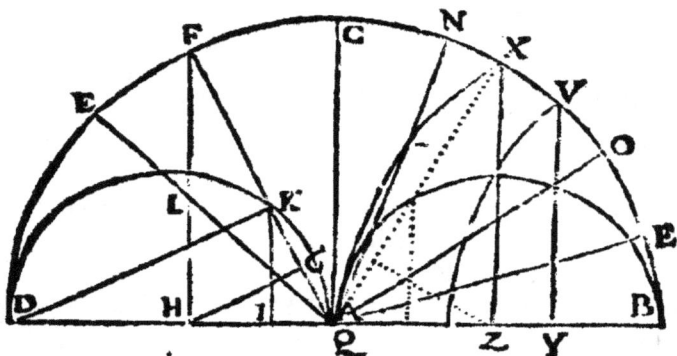

O B, & rends par ce moyen la demiſection B V Y egalle au ſecteur E B A *par la precedente.* Apres ie tire vne ſemblable & egalle demiſectió ſçauoir V Y I, & par tel moué ceſte figure V B I V
eſt egalle au ſecteur O B A: & par conſequent a la meſme proportion à l'autre partie du cercle V C L I.

Que ſi on veut coupper encor vne autre partie par le meſme
cercle, laquelle ſoit egalle au ſecteur O N A: Il conuiendra lors
diuiſer en deux egallement la circonference N B (& ſoit pour
exemple au poinct O) & rendre vne demiſection (cóme X Z B)
egalle au ſecteur O B A *par les precedentes.* Puis d'eſcrire vne autre
ſemblable demiſection X Q Z qui ſera par ce moyen egalle au
ſecteur O N A, par ainſi ſe pourront continuer telles diuiſions
par le meſme cercle. Et de cecy ne s'en eſt encor trouué rien de
plus precis.

Corollaire 5.

*De la eſt manifeſte que le cercle peut eſtre ſouſtraict de quelconque figu-
re rectiligne qui luy ſera circonſcripte, & de laquelle la capacité ſera congnue, & par ce moyen le contenu de ce qui reſtera ſera auſſi connu.*

Corollaire 6.

Les figures rectilignes inſcriptes au cercle pourront auſſi eſtre ſouſtrai-

ttes d'iceluy, si leur contenu est cognu, & par ce moyen ce qui restera du cercle sera cognu.

Corollaire 7.

S'enfuit aussi que les places & superficies mixtes c'est à dire comprises de lignes droictes & circulaires (les portions de cercles convexes ou concaves estant cognues) seront facilement mesuré.

De la mesure de l'ouale.

CHAPITRE X.

La superficie de l'ouale peut estre mesurée, ayant la cognoissance de la superficie du cercle descrit sur le plus petit diametre car la superficie du cercle est au mesme ouale, comme le plus petit diametre est au plus grand.

Ela se prouue ainsi. Soit le cylindre duquel la base circulaire A B C D coresponde à l'ouale E F G H, lequel ouale soit couppé du cylindre par vne superficie plane, mais non en angles droits n'y parallele à la base (comme il est dit en la definition.) Il est certain que F H estant le plus petit diametre corespondra aussi au diametre de la base B D, & le plus grand diametre E G, à l'autre diametre A C, s'entrecouppans en angles droits au centre d'vne chacune figure. Or dans le cercle, de la base peut estre inscripte vne figure rectiligne reguliere, contenant plusieurs trapezes, comme B I, K L & le triangle L A X: & cylindre aussi peut estre couppé par superficies planes rectangles & paralleles l'vne à l'autre, esteuées de la base orthogonellement iusques à l'ouale, comme B F H D, K M N I X O P L, qui coupperont les diametres E G & A C en angles droicts proportionnellement par la 17 du 11.

Tous les trapezes donc auec le triangle, qui seront dedans le cercle sçauoir B I, K L & le triangle X A L, auront mesme raison aux trapezes & au triangle F N, M P, O E P, comme A C à E G, par la corollaire de la premiere du 6.

Il ne se peut donc inscrire au cercle aucune figure rectiligne qui ait au contenu de l'ouale semblable raison : d'autant que la superficie de l'ouale est plus grande que toutes les figures rectilignes qui luy sont inscrites. Semblablement aussi ne se pourra

circonfcrire au cercle aucune figure rectiligne
qui ait la mefme raifon
à l'ouale : d'autant que
telles figures circonfcrites auront la mefme rai-
fon aux circonfcrites de
l'ouale : & celles cy font
plus grandes & fpacieu-
fes que l'ouale. Il s'en-
fuit donc que le conte-
nu du cercle a telle rai-
fon au côtenu de l'oua-
le, comme le petit dia-
metre A C (c'eft à dire
F H) à E G.

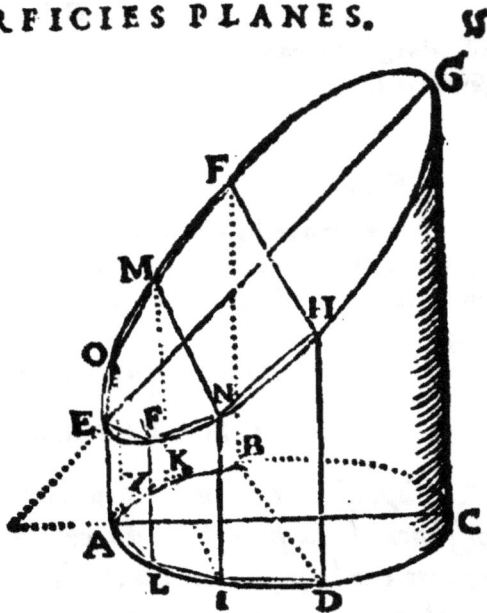

Si donc on propofe
vn ouale à mefurer avāt
pour fon plus grand dia-
metre 11 toifes , & pour
le plus petit 7: mefure le
cercle duquel le diame-
tre eft 7, il contiendra 38
& demy: lefquels diuifez
par 7 donnēt pour quo-
tient le nombre 5 & de-
my: lequel multiplié par
11, faict 60 & demy,
qu'eft iuftement l'aire de l'ouale : Car 60 & demy à 38 & demy
a mefme raifon que 11 à 7.

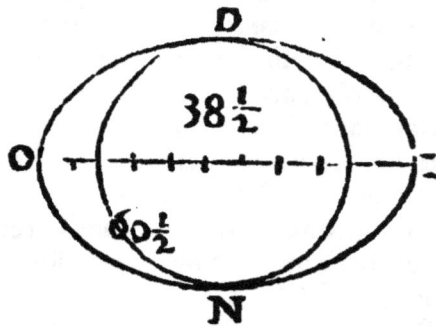

Corollaire I.

*Il eſt euident que ſi le grand diametre & celuy du cercle ſont couppez
en meſme raiſon & en angles droits par la baſe d'vn ſecteur, les ſections auront auſſi la meſme raiſon l'vne à l'autre.*

D iiij

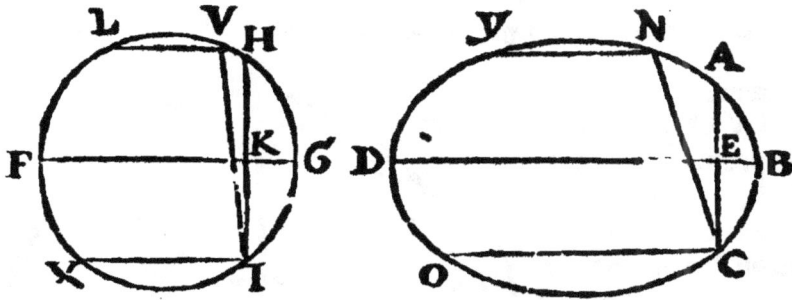

Comme la section **A B C**, laquelle est couppee par A C en angles droits sur le grand diametre D B, a mesme raison à la section du cercle H I G (couppee aussi en angles droits sur F G, & en sorte que D E est à F K comme de D B à F G) que D B à *par F G les raisons deuant dites.*

Encores si les diametres sont couppez autrement, comme N C, V I, & que les lignes N Y, O C paralleles au diametre D B, ayent la raison deuant dite aux lignes V L & I X paralleles au diametre F G : la section N C D aura aussi la mesme raison à l'autre section V I G, que D B à F G, *par les prealeguees.* Et par tel moyen & consideration se pourront mesurer toutes autres sections d'ouale.

Posons donc la section du cercle H I G contenir 7 & 7 douziesmes (comme estant la circonference H G I la tierce partie du cercle qui a son diametre de 7) il est certain que la section de l'ouale A C B contiendra 11 & 11 douziesmes, pour obseruer la raison deuant dite.

Corollaire 2.

Il s'ensuit aussi que l'ouale peut estre soustraicte de toute figure cognue qui luy sera circõscripte, & par consequent le residu sera facilement mesuré.

Corollaire 3.

Comme aussi toute figure cognue peut estre soustraicte de l'ouale & le residu sera mesuré.

De la mesure de la superficie enclose dans vne ligne spirale.

CHAPITRE XI.

La superficie enclose dans vne spirale en sa premiere reuo-

lutiŏ, eſt egalle à la tierce partie du cercle, duquel le diametre
eſt egal à la ligne de la premiere reuolution d'icelle ſpirale.

Omme ſoit la ſpiral-
le I V Q Y A, & li-
gne de premiere reuolu-
tion I A, laquelle conti-
enne pour exéple 7. Il a
eſté monſtré au chap. 9.
que le cercle qui aura 7
pour demidiametre con-
tiendra 154, deſquels le
tiers 51 & 1 tiers eſt egal à
la ſuperficie encloſe de la
ſpiralle & de la ligne de
premiere reuolutiŏ I A.
Ce qui ſe proue ainſi.
Soient autant de lignes
droites qu'on voudra, &
leſquelles ſexcedét l'vne
l'autre egalement, & que
l'exces ſoit egal à la plus
petite d'icelles, comme
T S R E D C B F: ſoient
encores autant d'autres
lignes droites, vne cha-
cune egalle à la plus grã-
de F, comme G H I K L M N O, les quarrez d'vne chacune de
celles cy, auec le quarré de F, enſemble le produict de toutes les
lignes T S R E D C B F, & de la ligne T, ſerŏt triples aux quarrez faicts d'vne chacune T S R E D C B F: Car 9 fois 64 pour
les quarrez des huict grandes lignes & de F, font 576, auec le
produict de 8, 7, 6, 5, 4, 3, 2, 1, par la ligne T (c'eſt à dire 36) font
612, qui ſont triples aux quarrez de T S R E D C B F, qui valent
ſeulement 204. Et de la eſt manifeſte, que les quarrez des huict
lignes (vne chacune deſquelles eſt egalle à la plus longue) ſont
moindres que triples aux quarrez des lignes qui ſexcedent egallement, veu que pour eſtre triples il y faut adiouſter. Or comme
tous cercles ſont ſemblables, & ont telle raiſon l'vn à l'autre que
les quarrez de leur diametre, *par la 2 du 12:* ainſi ſont leurs parties equiangles encloſes dans la ſpiralle. Or ſi l'eſpace compris

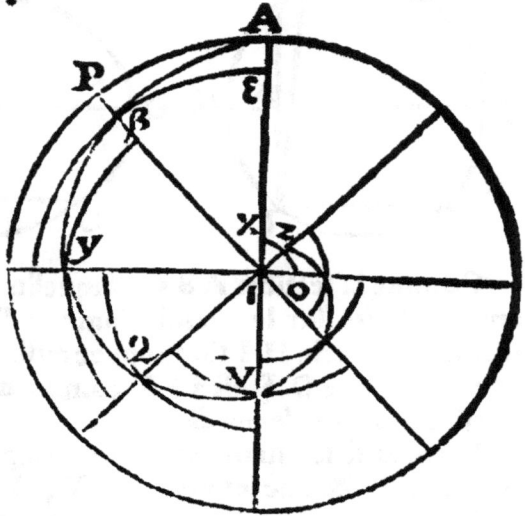

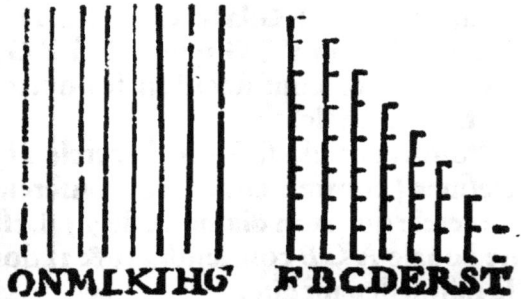

en la ſpiralle n'eſt egal à la tierce partie du cercle deuant dit, il ſera plus grand ou plus petit. Et poſons qu'il ſoit plus petit. Il eſt
certain qu'à l'entour de la ſpiralle peut eſtre deſcrite vne figure
cōpoſee de pieces ſemblables en ſorte qu'elle ſera encore moindre que la tierce partie du meſme cercle, *par la commune ſentence
premiſe.* Soit donc ainſi circonſcrite la figure de laquelle la plus
grande piece ſoit I P A, & la plus petite I X Z : les lignes comprenant telles pieces inegalles (equiangles neantmoins) menees
dans le cercle du point I à la ligne ſpiralle s'excedent l'vne l'autre
egallement (*comme on peut colliger par la definition de la ſpiralle*) deſquelles la plus grande eſt I A, & la plus petite I Z, laquelle I Z
eſt egalle à l'exces, duquel vne chacune ſurpaſſe ſa precedente.
Or il y a autant de lignes deſquelles chacune eſt egalle à la plus
grande, comme de celles qui s'excedent egallement : celles cy
ſont tirees du poinct I à la ſpiralle, les autres du meſme poinct I
à la circonference du cercle, & les pieces compriſes tāt des vnes
que des autres ſont ſemblables & equiangles : les pieces donc qui
ſont compriſes des lignes egalles à la plus longue, ſont moindres
que triples aux autres pieces contenues de lignes qui s'excedent
egallement *comme il a eſté monſtré cy deuant.* Or les pieces compriſes des lignes egalles à la plus longue ſont egalles au cercle, qui a
pour demidiametre la ligne de premiere reuolutiō, & les pieces
compriſes des lignes qui s'excedent egallement, ſont egalles à la
figure circonſcrite, que nous auions poſee eſtre moindre que la
tierce partie du cercle. Ce qui ſe trouue faux. Poſons encor la
ſuperficie encloſe en la ſpirale plus grande que la tierce partie du
cercle. Soit donc la ſpiralle inſcrite vne figure de pieces ſemblables & equiangles, laquelle ſoit plus grande que la tierce partie
du cercle deuant dit : & ſoit la plus grande piece I ſs, & la plus petite I Z O. Or il y a autant de lignes tirees de I à la circonference du cercle, comme de celles qui s'excedent egallement tirees à la ſpiralle : de celles cy la plus grande eſt I A, & la plus petite I Z, egalle à l'exces : & des vnes & des autres ſont compriſes ſemblables pieces & equiangles : les pieces donc contenues
& compriſes de celles qui s'excedent egallement (hors & excepté la piece qui ſe fait de la plus grande I A, laquelle n'eſt point
nombree entre les pieces inſcrites) ſont moindres que la tierce
partie des pieces compriſes des lignes egalles à la plus grande :
comme il a eſté monſtré : mais ces pieces cy ſont egalles au contenu
du cercle, que nous auons poſé moindre que triple à la ſuperficie compriſe en la ſpiralle. Ce qui eſt abſurde. Icelle donc n'e-

ftant ny plus grande ny plus petite que la tierce partie de fon cercle fera par neceffité egalle.

Quant aux autres reuolutions, comme deuxiefme, troiziefme, quatriefme, &c. Il me fuffira de dire comme en paffant que la feconde eft au cercle fecond comme 7 à 12 : la troifiefme eft double à la feconde. La quatriefme triple à la mefme feconde. La cinquiefme eft quadruple. Et ainfi des autres fuiuantes. Quant à la premiere reuolution, ceft la fixiefme partie de la feconde. De cecy ie ne bailleray autre raifon que l'authorité d'Archimedes, qui en a amplement traité, enfemble des fections de telles fuperficies, lefquelles nous laiffons à caufe de briefueté, ioinct auffi que le fondement a efté mechanique : & ce que nous auons traité de la premiere reuolution, eft d'autãt qu'elle eft plus fimple, plus cognue & vulgaire, & que le mefme Archimedes s'en fert pour monftrer la longueur de la circonference du cercle, & auffi que telles demonftrations ne peuuent eftre defagreables à ceux qui fe delectent és fubtilitez geometriques.

Fin du fecond liure.

A MONSEIGNEVR D'O CHEVALIER DES DEVX

Ordres du Roy, &c. Gouuerneur & Lieutenant general pour sa Majesté à Paris, & Isle de France.

Onseigneur, i'ay esté assez long temps en suspend, auant que me resoudre à vous offrir ce petit traiché. Ie pensois que la main d'ou il partoit, le pourroit rendre mesprisable: D'autre costé ie me representois vostre bon naturel & humanité, qui a tousiours eu plus desgard à la bonne volonté qu'à la grandeur & valeur des presents. Ceste derniere consideration la emporté. Ie vous supplie donc, le receuoir de bon œil : cela me donnera courage de recercher les moyens, soubz vostre adueu, de mettre en lumiere chose qui vous sera plus aggreable. Cependant ie demeureray.

Vostre tres-humble & tres-obeyssant.

Seruiteur I. Errard.

LE TROISIESME LIVRE
DE LA MESVRE DES
Solides. Et premier des rectangles.

CHAPITRE I.

TO v T ainſi qu'en la meſure des ſuperficies planes nous auons commencé par le quarré, auſſi en la meſure des ſolides conuient commencer par le cube, comme par le plus ſimple de tous les ſolides rectangles, & par lequel ſont meſurez tous autres ſolides, *comme il a eſté dit és definitions.*

De tout ſolide rectägle la plus petite face multipliee par le plus long coſté, ou la plus grande face par le plus petit coſté, produict le contenu du rectangle ſolide donné.

Comme ſoit premierement le cube donné A B C D, ayant de chacun coſté 5 pieds: faut multiplier *B* D par *B* C, c'eſt à dire 5 par 5, & il en prouiédra 25 pour l'vne des faces, leſquels multipliez par le coſté C A (qui eſt 5) produirót 125 pieds cubes, qui eſt le contenu vniuerſel du cube *par la 19 definition du* 7.

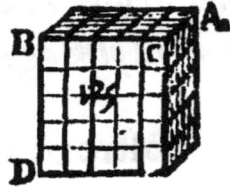

Soit encor le ſolide rectangle long d'vn coſté G H, ayant les lignes de ſes coſtez 4 & 6:ie multiplie I E par E H (c'eſt à dire 4 par 4) qui produiſent 16 pour la plus petite face I H, laquelle multipliee par I G, qui eſt 6, produit 96 pieds cubes, pour le côtenu du corps donné G H. Ou autrement ie multiplie la plus grande face E G qui contient 24 par le plus petit coſté E H

(qui eſt 4) & en vient le meſme produict.

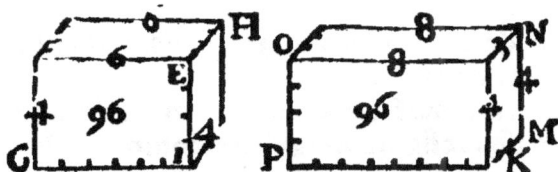

Soit auſſi le ſolide rectãgle long des deux coſtez P N; ie multiplie la plus petite face N K (qui contient 12) par K P (c'eſt à dire par 8) & le produict 96 eſt le contenu du ſolide. Ou bien ie multiplie la plus grande face O K (qui eſt 32) par le plus petit coſté K M (qui eſt 3) & en vient le meſme produict.

Comment ſont meſurees les colomnes.

CHAPITRE II.

De toute colomne, l'vne des baſes multipliee par la hau-
teur de ladicte colomne, produict le contenu ſolide d'icelle.

Comme ſoit premieremét le priſme A B C D, duquel la baſe ſoit vn triangle equilateral, ayant pour chacun coſté 8: il eſt certain que tel triangle pourra côtenir enuiron 28, leſquels multipliez par la hauteur A B, (que nous poſerons de 12) produiront 336 pieds cubes, pour le contenu du priſme. La raiſon eſt que ſi la baſe eſt reduicte en rectangle, la colomne quadrangulaire de meſme hauteur, eſleuee orthogonellemét ſur ice-luy rectangle, ſera egalle au priſme donné.

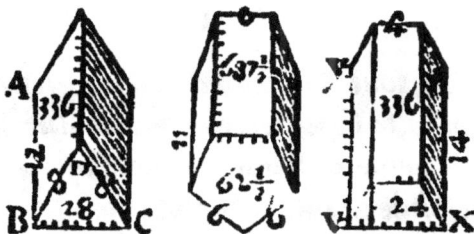

Soit encores la colom-ne pentagonalle, de la-quelle la baſe ayant pour chacun coſté 6, & eſtant meſuree, *par le chap.* 8 *du liure precedent,* contiendra 62 & demy leſ-quels auſſi multipliez par la hauteur 11, produiront en fin 687 & demy, pour le contenu de toute la colomne: *& ce par les raiſons prealeguees* : & ainſi ſeront facilement meſurees toutes autres co-lomnes regulieres.

Soit auſſi à meſurer le priſme trapeze V X Y Z, duquel le co-ſté de la baſe V X contienne 8 pieds, & celuy qui luy eſt oppoſé 4. Et la ligne perpendiculaire de l'vn à l'autre ſoit auſſi 4. il eſt manifeſte, *par le chap.* 7 *du ſecôd liure,* que la ſuperficie de telle baſe fera de .4 pieds, lefquels multipliés par la hauteur V'Y (que nous pofons de 14) produiront 336 pieds cubes pour tout le contenu du prifme trapeze donné.

Par la mefme facilité fera auffi mefurée la colomne, de laquelle la bafe eft figure irreguliere, comme tablette : fçauoir en reduifant icelle bafe en deux triangles, comme A B C, A C D, defquels la fuperficie fera mefurée , *comme il a efté monftré au liure fecond en traittant des triangles.*

Si donc A B contient en longueur 6, B C 4, A C 9, D A 5, D C 6: le triangle A B C pourra contenir enuiron 9 pieds & le triangle A C D 14: lefquels ioincts feront 23 pour toute la fuperficie de la figure A B C D: icelle multipliee par la hauteur perpendiculaire A E (que nous pofons de 7) produira 161 pieds folides pour tout le contenu du corps E C. Et pour mefurer la fuperficie.

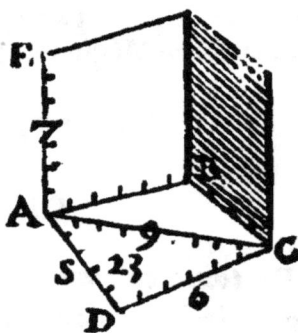

De toute colomne efleuee orthogonellement fur la bafe (hors les deux bafes) faut multiplier la circonference de la bafe par la hauteur d'icelle colomne, & le produict fera egal à la fuperficie des coftez.

Cemment font mefure{ les Rhomboides folides.

CHAPITRE III.

De tout Rhomboide, ayant les deux bafes paralleles & egalles, la fuperficie de l'vne multipliee par la perpendiculaire qui tombe de l'vne defdites bafes à l'autre produict le contenu folide de tout le rhomboide.

POur exemple foit du Rhomboide H I [qui a fes deux bafes paralleles & egalles] la fuperficie de l'vne d'icelles mefuree, comme K I, laquelle foit quarree & de 6 pieds de chacun cofté: icelle contiendra 36, laquelle multipliee par la perpendiculaire qui tombe de l'vne à l'autre [comme O K que nous pofons auffi de 6 pieds] produira 216 , pour tout le contenu folide du Rhomboide H I. La raifon eft que la colomne quadrangulaire

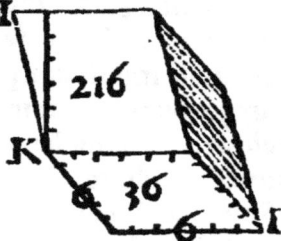

qui aura sa base egalle à celle du rhomboide, & sa hauteur aussi egalle à O K, le contenu sera egal au contenu du rhomboide H I: *comme on peut colliger par la 31 du 1.*

Si le Rhomboide a sa base triangulaire, de laquelle les costez soiét 6, 8, & 10,
comme A B C, tel triangle sera rectangle, *par la 47 du 1.* & contiendra 24, lesquels multipliés par D C [qui est la perpendiculaire entre les deux bases, &
qui contiendra 4] produiront 96, pour
le contenu solide du Rhomboide A B
C D.

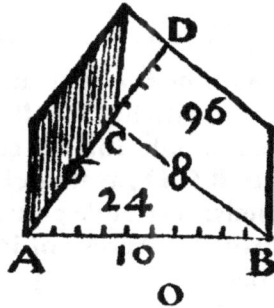

Mais si quelque autre Rhomboide
auoit sa base irreguliere, cóme NILM,
lors conuiendroit la reduire en deux
triangles, ainsi qu'il est icy monstré. Et
posons que l'vn ait pour trois costez 4,
8, & 10, & l'autre 7, 7, & 10 : cestuy cy
pourra contenir 24 & demy, & l'autre
enuiron 15 & 1 quart: lesquels ioints ensemble font 39 & 3 quarts, multipliez
par l'épesseur du Rhomboide, c'est à dire, par la ligne perpédiculaire, qui tom-
be d'vne des bases sur l'autre I O, (que nous posons de 4 pieds)
produirót 159 pieds cubes, pour le contenu vniuersel du Rhomboide N I L M O. Et ainsi seront mesurez tous autres solides,
qui auront leurs bases paralleles, egalles, & de plusieurs angles,
soient reguliers ou irreguliers, Rhomboides, ou non.

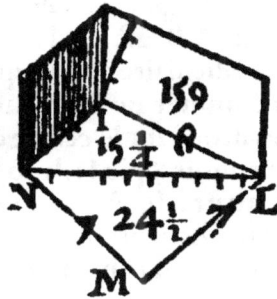

Mais quant aux autres solides compris de plusieurs superficies planes & irregulieres, & non paralleles, ils seront mesurez
en les reduisant premieremét en pyramides, lesquelles on pourra facilement mesurer, si leurs costez peuuent estre distinguez
& connus, comme il sera monstré cy apres : car autrement ne
s'en peuuent donner aucuns preceptes.

Comment sont mesurees les pyramides

CHAPITRE IIII.

De toute pyramide la superficie de la base multipliee par
le tiers

le tiers de la ligne perpendiculaire, qui tombe de la cime & sommet de la pyramide sur icelle base: ou le tiers d'icelle superficie multipliée par toute icelle perpendiculaire produict le contenu solide de la pyramide.

COmme soit la pyramide equilatere à mesurer A B C D, de laquelle la base soit vn triangle Isopleure B C D, ayāt de chacun cotté 14 pieds: tel triāgle pourra contenir enuiron 84. Apres posôs la lōgueur de chacun cotté de la pyramide(cōme A B)de 17 pieds & demy: il est manifeste, *par la 47 du 1*, que le quarré de A B est egal au quarré de la perpédiculaire A E(laquelle tombe du sommet de la pyramide en angles droits sur le centre de la base E)& au quarré de E B. Or E B peut auoir 8 pieds de lōgueur, le quarré de laquelle 64, soubstrait du quarré de A B, qui est 306, restent 242, pour le quarré de la perpendiculaire A E, la racine quarree desquels(sçauoir enuirō 15 & demy)est la hauteur d'icelle perpendiculaire. Si donc ie multiplie toute la base 84 par le tiers de 15 & demy, ou le tiers de la baīe(28)par 15 & demy, il en prouiendra 434 pieds cubes, pour le cōtenu vniuersel de la pyramide proposée. La raison est, que ceste pyramide est la tierce partie du prisme qui aura mesme base & hauteur, *comme il se collige des corollaires de la 7 du 12*. Et ainsi seront mesurees toutes autres pyramides, tant regulieres que irregulieres, & ayans leurs bases de tant d'angles qu'on voudra.

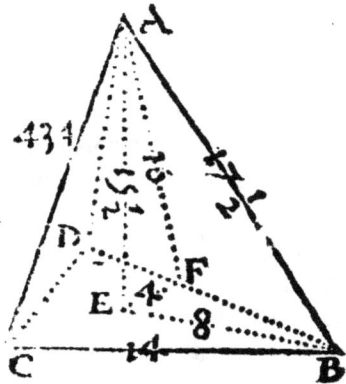

Et pour mesurer la superficie des costez de la pyramide, faut y proceder comme il a esté monstré aux chap. 3 & 4 du 2 liure. Ou autrement mesure le triangle qui sera equiangle à la base, & duquel la ligne tirce de son cētre en angles droits sur l'vn des costez de la base, sera la moyenne proportionnelle entre A F & F E: car iceluy sera egal à la superficie cerchee. Ce qui se monstre ainsi.

La base est à la superficie laterale comme E F à F A: par la 1 du 6 dautāt quelles ont vn mesme multiplāt(sçauoir la moitié du circuit de la base)pour produire leur cōtenu. Or la base sera au triāgle predit de la moyēne proportiōnelle cōme E F à F A(c'est à dire en raisō double des costez)par la 19 du 6. Dōt s'ensuiura ar la 5 du 5,que ce triāgle sera egal à la superficie laterale de la pyramide.

L

Corollaire I.

Les corps reguliers composez de plusieurs pyramides regulieres equicrures seront aussi facilement mesurez.

Comme soir l'octahedre A B C D E F, lequel est composé de huict pyramides trilateres equicrures & egalles, ou de deux pyramides quadrilateres semblables equicrures & egalles: ie pose que la base commune de ces deux B C D F, ait pour chacun costé 12 : celle base contiendra 144, le tiers desquels (sçauoir 48) multiplié par la perpendiculaire A G (c'est à dire 8 & demy produira 408 pour le contenu de la moitié de l'Octahedre: lequel nombre 408 doublé sera 816, pour le contenu solide de tout l'octahedre A B C D E F.

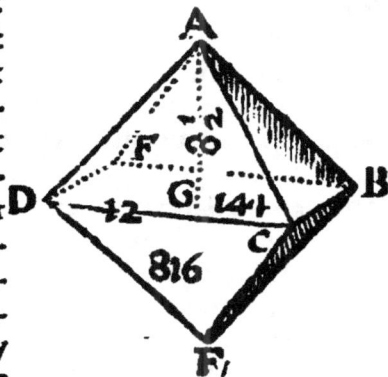

Le Dodecahedre sera aussi facilement mesuré. Comme pour exemple posons que l'vn de ses pentagones H I K L M ait pour chacun costé 6 pieds, iceluy pourra contenir en sa superficie enuiron 62 & 3 quarts, *comme il est monstré au chap. 8 du 2 liure.* Mais afin de trouuer au plus pres la perpendiculaire qui tombe du centre de tout le corps sur le cêtre de chacun pétagone, & les longueurs des lignes de telle pyramide, qui sont incommensurables, ie metray icy en auant ce qui peut estre tiré des elements d'Euclide. Il faut donc estre aduerty que la ligne HK subtendente l'vn des angles du pentagone est le costé d'vn cube inscript en la mesme sphere, en laquelle est aussi inscript le Dodecahedre, *par le probleme 5 du 13.* C'est à dire que la superdiagonalle du cube est le diametre de la mesme sphere, & par conséquent double au costé de la pyramide qui a pour sa base le pétagone H I K L M. Si donc les lignes H K & N K sont cognues, il sera facile de trouuer le costé de la pyramide, & par conséquent la perpendiculaire. Mais la superdiagonalle de ce cube(c'est à dire le diametre de la sphere circonscrite au Dodecahedre)est triple par puissance au costé du mesme cube *par le probleme 3 du 13.* Il conuiet donc multiplier HK (laquelle pourra auoir de longueur enuiron 9 & 4 cinquiesmes) par oymesme, le produict sera 96 lequel produict triplé sera 288, desquels pieds la racine quarrée (qui est quasi 17)sera la longueur du diametre de ladite sphere, double au costé de la pyramide, lequel costé(c'est à dire 8 & demy(multiplié par soy mesme fait le nombre 72, egal aux quarrez de NK, & de la perpendiculaire tiree du centre de la figure solide sur le point N, *par la 47 du 1.*

Si donc nous posons NK de 5 & 1 huictiesme, son quarré 26 & 1 quart soustrait de 72 resterōt 45 & 3 quarts, desquels la racine quarree(qui est environ 6 & 3 quarts)sera la hauteur de la perpendiculaire cerchee.

Si nous multiplions le pétagone(c'est à dire 62 & 3 quarts)par le tiers de la perpendiculaire,il en prouiendra 141 & 3 seiziesmes, pour le contenu de l'vne des douzes pyramides du Dodecahedre:iceux 141 & 3 seiziesmes, multipliez par 12 produiront finallement 1694 pieds & 1 quart solides pour tout le cōtenu vniuersel du Dodecahedre.

Quant à l'Icosahedre & pour trouuer sa mesure, il faut estre aduerty *par la 4 du 14.* Qu'vn mesme cercle compréd & le pentagone du Dodecahedre, & le triangle de l'Icosahedre inscrits en vne mesme sphere:dont est euident que les perpédiculaires & les costez des pyramides de l'vn & de l'autre inscrits en vne mesme sphere,sont egaux entre eux:& par consequét le solide du Dodecahedre au solide de l'Icosahedre sera cóme la superficie de l'vn, a la superficie de l'autre:c'est à dire comme la ligne HK à la ligne OP, *par la 16 & 8 du 14.* & cecy se peut aisement demõstrer, si on diuise les 12 pentagones en 60 triãgles:car la moitié du costé d'vn triangle(c'est à dire la moitié de 5 & 1 huictiesme)multipliee par la moitié de HK, produict la superficie de l'vn des 60 triangle: comme en semblable si les 20 triangles de l'Icosahedre sont diuisez en 60 triangles, la perpendiculaire d'vn chacun sera la moitié de 5 & 1 huictiesme,laquelle multipliee par la moitié de OP produira le contenu de l'vn de ces 60 triangles.

Si donc on mesure la superficie de l'vn des triangles comme O P Q:le costé duquel est quasi de 9 pieds, le contenu de ce triãgle pourra estre 34 pieds & demy, multipliez par le tiers de la perpédiculaire qui tōbe du cétre de l'Icosahedre sur le point R,laquelle nous auons trouuee de 6 & 3 quarts,produict 77 pieds solides & 5 huictiémes,pour le contenu de la pyramide trilatere,qui a sa base OPQ:lesquels 77 & 5 huictiesmes multipliez par 20 font 1552, pieds & demy cubes pour tout le cōtenu vniuersel de l'Icosahedre.

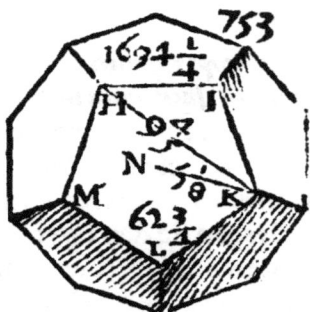

Dont eſt euident que le ſolide du Dodecahedre 1694 fait 49 parties, deſquelles le ſolide de l'Icoſahedre 1552 en fait
vn peu moins de 4:cóme auſſi la ſuperficie de l'vn 753 faiſat 49 parties, la ſuperficie de l'autre 630 en ſera peu moins de
45 qui eſt quaſi comme 12 à 11: & ainſi
ſera la raiſon de la ligne H K à la ligne
O P:ce qu'il falloit demonſtrer.

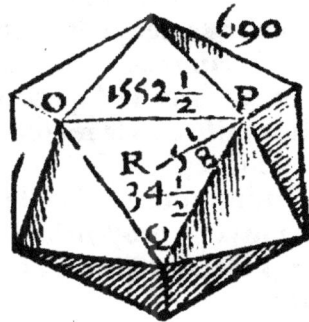

Corollaire 2.

Toute pyramide reguliere equicrure, & recindee par vn plan ſemblable
& parallele à la baſe ſera meſuree auec la meſme facilité.

Car continuant les coſtez d'icelle iuſques à ce qu'ils ſe rencon-
trent en vn meſme ſommet, la pyramide ſera parfaicte, & pourra
eſtre meſuree comme il a eſté monſtré : comme auſſi ſera meſuree à part la petite pyramide qu'on aura adiouſtee deſſus la pyramide recindee & imparfaicte, comme dit eſt.

Pour exemple. Soit la pyramide imparfaicte à meſurer B C D E F G quadrilate-
re, equicrure, recindee & couppee par le
plan B D, ſemblable & parallele à la baſe:
de laquelle baſe vn chacun coſté ſoit 12: &
de l'autre plan B D vn chacun coſté de 6.
Il eſt manifeſte, que telle rainſó que a G F
à B C, telle & ſemblable a la toute F C A à
F C, & par cóſequent H L A à H L & I A
à I K, *par la 2 du 6*, *& par les premier & 2 pro-*
blemes du meſme. Que ſi G F eſt double à B
C, la ligne A H ſera double à H L, & A I à
K I: & s'enſuit, que ſi H L contient 16, L A
contiendra auſſi 16, & ſera par ce moyen la
pyramide couppee par la moitié de ſa hauteur iuſtement. Et pour ce que du quarré
de H A 1024, faut ſouſtraire le quarré de I H 36, afin que la racine
quarree de ce qui reſtera ſoit la hauteur de I A, *par la 47 du 1.* Il
eſt euident que icelle I A pourra eſtre de 31 & demy : la moitié
deſquels ſont 15 & 3 quarts pour la hauteur I K, ou K A.

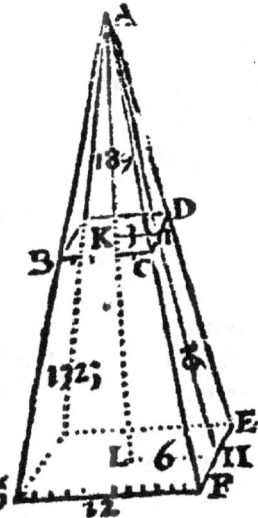

Or la baſe G E contient 144, le tiers deſquels (ſçauoir 48) multiplié par 31 & demy produira 1512 pour le contenu vniuerſel de
toute la pyramide A G F.

Apres cōuient mesurer la petite pyramide A B D, la base de laquelle contient 36: le tiers (sçauoir 12) multiplié par 15 & 3 quarts produira 89, lesquels soustraits de 1512, resterōt 1323 pieds solides pour le contenu de la pyramide imparfaite proposee BDFG. Or pour mesurer la superficie d'icelle (excepté les deux bases) cela a esté monstré en la mesure des trapezes: car les costez sont quatre trapezes.

Ou autremēt mesure le quarré qui aura son demidiametre egal à la moyéne proportionnelle entre la ligne L. H. & l'a cōpofée de K L, I H: car iceluy sera egal à la superficie des costés. La raison est que pour mesurer les deux bases, il faut multiplier la moitié de la cōpofée par le tout & circuit d'icelles bases: & pour mesurer la superficie des costez faut multiplier la moitié de L H par les mesmes circuits: ce qui est euidēt: dont s'ensuit *par la 1 du 6*, que la superficie des costez a telle raison aux bases que L H à la cōpofée de K L, I H: la figure donc semblable & equiāgle a l'vne des bases, & de laquelle le diametre se trouuera moyē entre L H, & la cōpofée de K L, I H, sera egalle à la superficie des costez, *par la 19 du 6*.

Corollaire 3.

Par mesme moyen aussi sont mesurees les pyramides Rhomboides.

Comme soit la pyramide Rhomboide A B C D, de laquelle la base contienne 35 & la hauteur perpendiculaire 15: laquelle hauteur soit iustement sur le point C: c'est à dire que le costé A C soit orthogonel: ie multiplie 35 par 5, ou 11 & 2 tiers par 15, & le produict 175, est le contenu solide de la pyramide rhomboide A B C, la raison est qu'iceluy est egal à la pyramide equicrure de mesme base & hauteur, *par la 5 & 6 du 12.*

Et ainsi se mesureront toutes autres pyramides rhomboides plus panchātes & enclinees (c'est à dire desquelles la perpendiculaire tombera du sommet hors la base) car elles auront tousiours mesme raison à autres pyramides de mesme hauteur, que leurs bases auront l'vne à l'autre: *par les mesmes.*

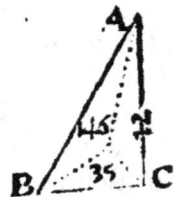

Et pour trouuer telles perpendiculaires, quand elles tombent hors la base, il sera facile à celuy qui aura bien entendu comment se trouue la perpendiculaire qui tombe hors de la base d'vn triangle ambligone: *comme il a esté monstré au corollaire tro siesme du troisiesme chap. du second liure.*

Comment sont mesurez les corps compris des superficies

CHAPITRE V.

De tout cylindre la base multipliee par la hauteur orthogo-
nelle d'iceluy, produict le contenu solide du mesme cylindre.

Comme pour exemple le cylindre A B C D
ait pour base 86 & 5 huictiesmes(estant son diametre 10 & demy)il faut multiplier 86 & 5 huictiesmes par la hauteur orthogonelle du cylindre, que nous posons de 16:le produict 1380 est
le contenu solide dudict cylindre. La raison est
que le rectangle solide de base & hauteur egalle, luy est aussi egal en son contenu, *par le corollai-*
re de la septiesme du 12.

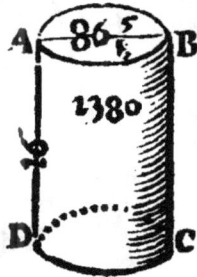

Quant à sa superficie [hors les bases] elle sera trouuee en multipliant la circonference de la base par icelle hauteur orthogo-
nelle:car le produit sera egal à la superficie cerchee:la raison de ce
est euidente. Ou autrement d'autant que la mesme superficie a
telle raison à la base que B C au quart du diametre de la mesme
base *par la 1 du 6* mesure le cercle, duquel le quart du diametre soit
moyen entre B C , & le quart du diametre de la base du cylindre:
car iceluy sera egal à la superficie du costé dudict cylindre *par la*
19 du 6.

Corollaire I.

Les cylindres Rhomboides sont mesurez, par
vn mesme moyen.

Comme soit le cylindre Rhomboide
E F H duquel la base côtienne 86 & 5 huictiesmes [a cause du diametre de 10 & demy] & la hauteur orthogonelle G F 14. Ie
multiplie 86 & 5 huictiémes par 14, le produict 1212 & 3 quarts est le contenu cerché
par les raisons deuant dictes.

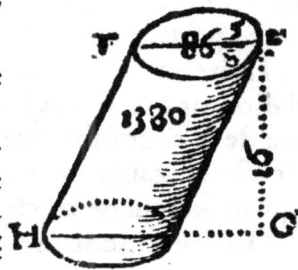

De la mesure des Cones, Rhombes & rhomboides.

CHAPITRE VI.

De tout cone la superficie de la baze multipliee par le tiers
de la hauteur orthogonelle , ou toute icelle hauteur par le tiers
de la baze, produict le contenu solide dudit cone.

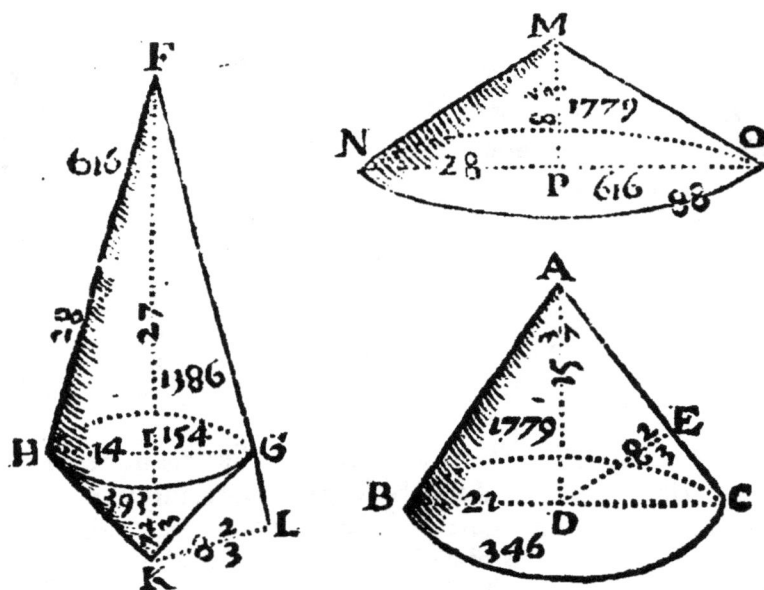

COmme ſoit le cone A B C , duquel la baſe contienne 346 [à
cauſe du diametre qui eſt de 21] & la hauteur perpédiculaire
A D ſoit 15 & 3 ſeptieſmes. Ie multiplie 346 par 5 & vn ſeptieſme,
ou 15 & 3 ſeptieſmes par 115 & 1 tiers, le produiċt 1779, eſt le contenu ſolide d'iceluy cone : par ce que le cone eſt la tierce partie
du cylindre qui a baſe & hauteur egalle: par la 10 du 12.

Et pour auoir le côtenu de la ſuperficie lateralle, multiplie toute la circonference de la baſe 66 par la moitié du coſté A C [c'eſt
à dire par 9 & 1 tiers] ou tout le coſté A C 18 & 2 tiers par la moitié de la circonference, & le produiċt 616, ſera egal à la ſuperficie
cerchee : car il eſt euident que telle ſuperficie n'eſt autre choſe
qu'vn ſecteur de cercle qui a ſon diametre egal à A C.

Ou autrement meſure le cercle, qui aura pour demidiametre
la moyenne proportionnelle entre A C & C D : car iceluy ſera
egal à la meſme ſuperficie, ce qui ſe demonſtre ainſi. D C multiplié par la moitié de la circonference de la baſe , produiċt le contenu d'icelle baſe : & auſſi A C multiplié par la moitié de la meſme circonference, produiċt la ſuperficie lateralle du cone : veu
donc que ces deux ſuperficies ont vn meſme multipliant, elles
ſont l'vne à l'autre comme A C à C D, par la 1 du 6. Or la moyenne proportionnelle entre D C & C A [c'eſt à dire 14] d'eſcrit vn

E iiij

cercle, duquel la base a telle raison, que D C à C A (c'est à dire raison doublee des costez) *par les corollaires de la* 19 & 20 *du* 6, (car les cercles sont l'vn à l'autre comme les quarrez de leurs diametres(*par la* 2 *du* 12. Il s'ensuit donc que tel cercle est egal à la superficie lateralle du cone donné *par la* 9 *du* 5. Il ne sera point inutile ny desagreable de donner encores vn autre exemple, pour le regard de la mesure solide. Soit le cone M N O, ayāt le diametre de sa base 28: icelle base contiendra 616, & sera egalle à la superficie lateralle du cone A B C. & posons que sa hauteur soit egalle à la ligne D E du premier cone, laquelle est tiree en angles droits du centre de la base sur le costé A C. Ceste hauteur M P sera donc 8 & 2 tiers. Ie dis que ce cone est egal au premier A B C. Car cōme la superficie lateralle 616 du cone A B C est a sa base 346, ainsi A C à C D(c'est à dire A D à D E: car les triangles sont equiangles & proportionnaux) *par la* 4 *du* 6. Les hauteurs doneques de ces deux cones ont à leurs bases vne mutuelle proportion & reciproque (c'est à dire que cōme la base N O à la base B C, ainsi A D à M P) il s'ensuyura donc qu'ils seront egaux, *par la* 15 *du* 12, *ou par la* 16 *du* 6: car de quatre grandeurs proportionnelles ce qui est fait des extremes est egal à ce qui est produict des moyennes. Mesure aussi 616 par 2 & 8 neusiesmes, il en viendra le mesme nombre 1779.

Corollaire 1.

De là s'ensuit que le tiers de la superficie lateralle d'vn cone multiplice par la ligne qui tombe perpendiculairement du centre de la base sur le costé du mesme cone produira le contenu solide d'iceluy

Cecy mesme se peut demōstrer par les pyramides de plusieurs costez, lesquelles se pourront reduire en plusieurs pyramides trilateres, & qui auront vne chacune leur sommet & cime au poinct D : & lors les pyramides inscriptes au cone se trouueront moindres que le cone, & les circonscriptes plus grandes.

Corollaire 2.

Aussi est euident que la base d'vn Rhombe multipliee par le tiers de la hauteur des cones desquels il est composé, ou toute icelle hauteur par le tiers de la base, produira le contenu dudit rhombe.

Comme soit le rhombe F G H K duquel la base G H contienne 154, à cause du diametre de 14, & le costé F G 28 : la perpendiculaire F I pourra estre de 27 laquelle multipliee par le tiers de la base, ou toute la base par le tiers de la hauteur F I, produira 1386, pour le contenu solide du cone F G H.

Apres posons la perpédiculaire I K de 7 & 2 tiers : le tiers donc de la baſe multiplié par 7 & 2 tiers ou le tiers de 7 & 2 tiers par toute la baſe, produira 393 pour le cōtenu de l'autre cone G H K: les deux ioincts enſemble feront 1779, pour tout le contenu ſolide du rhombe propoſé.

Corollaire 3.

Dou s'enſuyura auſſi que le rhombe eſt egal au cone, qui aura baſe & hauteur egalle.

Corollaire 4.

Le rhombe auſſi eſt egal au cone duquel la baſe eſt egalle à la ſuperficie laterale de l'vn des cones du rhombe, & la hauteur egalle à la ligne qui tombe perpendiculairement du ſommet de l'autre cone ſur le coſté de l'oppoſé.

Soit meſurée la ſuperficie laterale de F G H (comme il a eſté monſtré) icelle contiendra 616 & ſera egalle à la baſe du cone M N O: Apres ſoit la ligne K L (procedant du ſommet de l'autre cone oppoſé, & tombant en angles droits ſur le coſté prolongé F C L) egalle à la hauteur M P: il eſt euident que la baſe N O a meſme raiſon à la baſe H G, que F G à G I (c'eſt à dire F K à K L) d'autant que les triangles F O I & F K L ſont equiangles & proportionnaux par la 4 du 6. Or nous auons mis M P egalle à K L: il s'enſuit donc que le cone M N O eſt egal par la meſme 15 du 12, au cone qui aura baſe & hauteur egalle au rhombe, c'eſt à dire au rhombe meſme F G H K.

Corollaire 5.

Il s'enſuit que le tiers de la ſuperficie de l'vn des cones d'vn rhombe multiplie par la ligne qui tombe du ſommet de l'autre cone perpendiculairement ſur le coſté du premier cone, produira le contenu ſolide du rhombe

Car les pyramides trilateres rhomboides inſcriptes au rhombe deſquelles le ſommet ſoit au poinct K, ſeront moindres que le rhombe, & les circonſcriptes plus grandes. cela eſt euident.

Corollaire 6.

Par vn meſme moyen ſont meſurez les cones imparfaits & recindez par vn plan parallele à la baſe.

Comme ſoit le cone imparfaict A D K H, ayant le diametre de l'vne de ſes baſes H K de 14, & le diametre de l'autre A D de 7, & le coſté A H auſſi de 7: il conuient conſiderer tout le cone parfaict en ceſte ſorte: comme F H, eſt à G A ainſi toute la ligne F E à E G (c'eſt à dire H E à E A) par la 4 du 6. Or H F eſt double à G A, il s'enſuit donc que H E eſt double à E A, & F E double

à E G. Ainſi E A ſera de 7, & la perpendiculaire E F enuiron 12. Si donc on
meſure tout le cone parfaict, *par les re-*
gles de ce chapitre, il pourra contenir 616:
deſquels faut leuer le petit cone adiou-
ſté E D A qui contiendra 77. ainſi reſtera 539 pour le contenu ſolide du cone imparfaict A D x H.

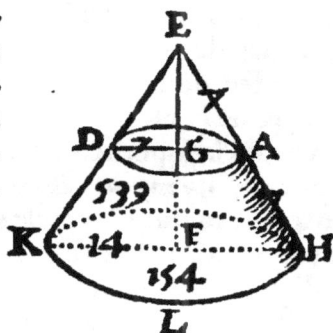

Corollaire 7.

De la eſt manifeſte que ayant oſté vn rhombe de quelque cone, le reſidu
pourra facilement eſtre meſuré.

Comme ſoit le cone M N Q, ayant chacun coſté de 14, & le
diametre de la baſe N Q auſſi 14: l'autre diametre V X de 7: il eſt
euidét *par le corollaire precedent,* que M Z ſera egalle à Z S, & pourra
eſtre 6. le cone donc M V X contiendra 77, & le rhombe M V S
X 154: Leſquels ſouſtraits de tout le cone M N Q (qui contient
616) reſtera 462 pour le contenu ſolide du reſidu N V S X Q.

Corollaire 8.

Il s'enſuit auſſi que ce reſidu eſt egal au cone qui a baſe egalle à la ſuper-
ficie lateralle dudict reſidu, & ſa hauteur egalle à la ligne tirée perpendicu-
lairement du centre de la baſe au coſté du meſme reſidu.

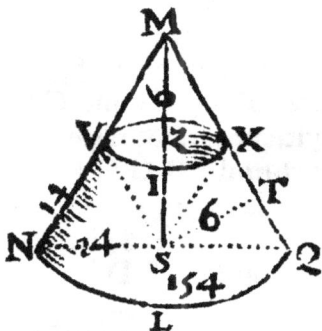

Car les pyramides quadrilateres inſcrites en ce reſidu, deſquelles le ſommet & cime ſoit en S, ſeront enſemble moindres que
ledict reſidu, & les circonſcriptes plus grandes. Ou autrement
ſoient expoſez trois cones ayás meſme hauteur ſçauoir S T perpendiculaire ſur X Q, deſquels le pre-
mier ait ſa baſe egalle à la ſuperficie lateralle du petit cone M V X: le ſecód ait
auſſi la baſe egalle à la ſuperficie lateralle du reſidu de queſtion: & le troiſieſme ait ſa baſe egalle à la ſuperficie lateralle du cone M N Q, c'eſt à dire aux
baſes des deux autres. Il reſtera manifeſte que ce troiſieſme eſtát egal à tout
le cone parfaict M N Q *par les demon-*
ſtrations precedentes, ſera auſſi egal au premier & ſecond enſemble:
d'ou s'enſuiura que ſi de ce troiſieſme on oſte le premier qui eſt
egal au rhóbe M V S X, le ſecód ſera egal au reſidu N V S X Q.

Mais pour mesurer la superficie du cone imparfaict V X Q N
(hors les deux bases)il conuient multiplier la ligne X Q par la
composee de la moitié de la circonference de l'vne des bases
N Q & de la moitié de l'autre circonference V X: & le produict
sera egal à la superficie cerchee. Car elle se mesure côme vn trapeze : ainsi qu'on peut colliger de la mesure du cercle & de ses parties. Ou
autremēt mesure le cercle qui aura pour demidiametre la moyēne proportiōnelle entre X Q, & la ligne composee des deux demidiametres: Car icelluy sera egal à la mesme superficie cerchee:
la raison est que M X multipliāt les deux lignes X I V & X Z se-
parement, les deux produicts auront telle raison l'vn à l'autre que
la circonference au diametre par la 17 du 7. Aussi X Q multiplié
par deux lignes(sçauoir par la composee de X I V & Q L N, &
par l'autre composee de Y Z & Q S, les produicts aurōt la mesme raison que la circonference au diametre par la 18 du 5. Or la
moyenne entre M X & X I V, est le costé du quarré egal à la superficie lateralle du petit cone M X V: par la derniere du 2. la moyēne entre M X & X Z, est le demidiametre d'vn cercle egal à la
mesme superficie, comme il a esté monstré. Il s'ensuit donc(la moyēne entre X Q & la composee de X I V & Q L N, estant le costé
d'vn quarré egal à la superficie lateralle du cone imparfaict ou du
residu V S Q) que la moyenne entre X Q & la composee des
deux demidiametres X Z & Q S, sera le demidiametre d'vn cercle egal à ceste mesme superficie du cone imparfait V X Q N.

Corollaire 9.

Si d'vn rhombe on soustrait vn autre
rhombe, le contenu du residu sera facile-
menc cognéu.

Comme si le rhombe B C D E, qui
a 14 de chacun costé, & le diametre
de la base commune C D aussi de 14,
contient 1232: & d'icelluy on leue l'autre rhombe B G H E, qui a le diametre de la base commune G H de 7, &
qui contient 308 : il restera 924 pour
le residu G C E D H.

Corollaire 10.

Dont s'ensuyura que ce residu est egal au
cone qui aura la base egalle à la superficie

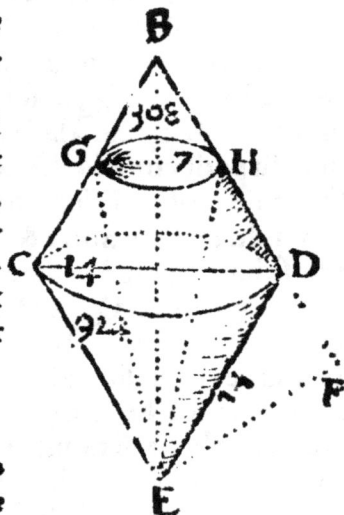

lateralle du cone imparfaiſt entre les deux baſes,& ſa hauteur egalle à la li-
gne tiree du ſommet du reſidu en angles droiſts ſur le coſté du meſme cone
imparfaiſt.

Car les pyramides quadrilateres rhomboides inſcriptes en ce
reſidu,deſquelles le ſommet ſera en E, ſeront moindres que ledit
reſidu,& les conſcriptes plus grandes. Ou autrement ſoyent pre-
ſetez trois cones de meſme hauteur ſçauoir dē E F, & que la baſe
du premier ſoit egalle à la ſuperficie lateralle de B G H: la baſe du
ſecond ſoit egalle à la ſuperficie lateralle entre G H & C D: & la
baſe du troſieſme egalle à la ſuperficie du cone BCD(c'eſt à dire
aux baſes des deux autres.) Il eſt manifeſte que ce troiſieſme ſera
egal au rhōbe B C D E *cōme il a eſté monſtré:*mais le premier a auſſi
eſté monſtré egal au rhombe B G H E.Si donc on le ſouſtrait du
troiſieſme , il reſtera le ſecond eſtre egal au reſidu du rhombe de
queſtion:d'autant que ce troiſieſme eſt egal aux deux premiers.

Corollaire II.

Le contenu ſolide des cones rhomboides eſt meſuré de meſme que le contenu
des cones æquicrures.

Comme ſoit le cone rhomboide K L M ayant
la baſe 38 & demy[à cauſe du diametre qui eſt de
7]& ſa hauteur perpendiculaire K N de 12.Il faut
multiplier 38 & demy par 4 , ou 12 & 5 ſixieſmes
par 12, & le produiſt 154 ſera egal au cone rhomboide donné:la raiſon eſt que ce cone rhomboide eſt egal au cone equicrure qui a baſe & hauteur egalle *par la 11 du 12.*

Et pour trouuer la perpendiculaire quand elle tōbe hors la baſe,
regarde le corollaire troiſieſme du chapitre troiſieſme du ſecond
liure:car le plus long coſté K L, & le plus petit K M , auec le diametre de la baſe LM,font vn triangle ambligone,duquel il eſt facile *par le meſme corollaire* de trouuer la perpendiculaire K N.

Corollaire 12.

Tous ſolides reſtangles , pyramides , cylindres,& cones peuuent eſtre re-
duiſts en cube.

D'autant que tout ſolide reſtangle qui a baſe egalle à vne pyramide , & ſa hauteur egalle à la tierce partie de la hauteur d'icelle,
eſt egal à icelle meſme pyramide. Il ſera neceſſaire pour ſeruir aux
demonſtrations ſuyuantes,de monſtrer par quel moyé tels corps
reſtangles ſont reduiſts en cube. Soit donc la plus petite face du
ſolide reſtangle miſe en quatré comme I O: apres cerche deux

moyennes continuellement proportionnelles entre G I & I N,
car la seconde proportionnelle sera le costé d'vn cube egal au solide G N O: d'autant que le cube de I N à au cube de la seconde
moyenne la raison triplee du costé du second cube, *comme on peut
colliger par la 33 & 34 du 11.* Mais pour obtenir deux lignes moyé-
nes proportionnelles entre deux autres lignes, nous n'auons rien
de plus exacte que l'inuention de Hieron & Appollonius, laquelle nous demonstrerons presentement.

Soit donc le mesme solide rectangle G I N O: entre les costez
desquels sçauoir G I & I N faut trouuer deux moyennes continuellement proportionnelles. Il conuient tirer la ligne I N iufques à K & I G iusques à F, en sorte que du centre du parallelogramme G N (sçauoir de E) les lignes E K & E F soyét egalles, &
de telle sorte encor que la ligne droicte tiree de K à F, passe par le
poinct H. alors nous obtenons la chose desiree: car soit tiree la
perpendiculaire E L, icelle couppera I G en deux egallement: le
rectangle donc faict de I F, F G auec le
quarré de G L sera egal au quarré de
L F : *par la 6 du 2*, adioustant le quarré
commun E L, le rectangle compris
soubz I F, F G, auec les deux quarrés de
G F, L E sera egal aux quarrez de F L
& L E: c'est à dire au quarré de F E, *par
la 47 du 1.*

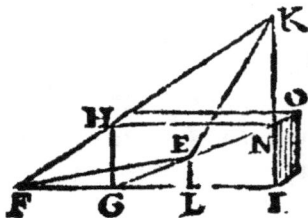

Tellement que le rectangle soubz I F, F G auec le quarré de
G E, sera egal au quarré de F E. Semblablement & par les mesmes raisons (I N estant diuisee en deux egallement) sera demonstré que le rectàgle soubz I K, K N, auec le quarré E N, sera egal
au quarré de E K (qui est egalle à E F:) Ostàt donc les quarrez de
G E, E N (qui sont egaux) le rectàgle compris soubz I F, F G sera
egal au rectangle de I K, K N. Dont s'ensuit *par la 16 du 6*, que
comme F L à I K, ainsi I K à K N & K N à F G. Or comme F I à
I K ainsi H N à N K *par la 2 du 6*, & F G à G H. Voila donc entre
H N & H G deux moyennes continuellement proportiónelles,
sçauoir K N & G F: tellement que nous pourrons conclure *par les
choses ainsi demonstrees*, que le cube duquel le costé sera le second
proportionnel (sçauoir G F) sera egal au solide G O. Quant aux
cylindres & cones, ils peuuét estre reduicts de mesme en rectangles solides, puis en cube, & de cecy plusieurs personnes en ont
traicté, mais auec les mesmes demonstrations.

Voila donc le moyen d'adiouster à tout cube, pyramide, cylin-

dre ou cone, telle portion qu'on voudra sans
changer la forme: Car le cube de la seconde
moyenne deuenant plus grande, augmente-
ra aussi son costé , & sera facile d'adiouster
aux autres trois lignes selon la mesme proportion, sçauoir en les disposant paralleles,
& que leurs extremitez soient soubz deux
lignes droictes, comme on void en ceste figure A B C: Car lors
adioustant à la seconde & tirant du point A vne autre ligne droicte A D, elle adioustera aux autres la mesme proportion *par la 4
du 6.* Et lors la plus grande sera le costé de la base du corps aug-
menté, en la mesme raison qu'au premier. *cecy est euident.*

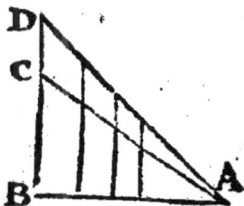

Corollaire. 13.

*De là s'ensuit que toutes pyramides & cones peuuent estre diuisez par
plans parallelz à la base selon la proportion donnee.*

Soit la pyramide H K I à diuiser en deux egalement: & soit
faict vn cube de hauteur egalle à la pyramide comme M I: & soit
faict encores vn autre cube M L, qui soit au premier comme la
proportion donnee, ie dis que diuisant le costé de la pyramide
par L P, en mesme raison comme le costé du cube est diuisé, le
plan L P parallele à la base de la pyramide passant par la section
couppera ladite pyramide selon la proportion donnee.

.Car la pyramide trilatere M I N
[de laquelle la base est vn triangle
rectangle Isoscele] ayant l'angle
droit au point I, est la sixiesme partie du cube M I N O *par les corollaires de la 7 de 12.* & est diuisé selon la
proportion donnee. Il s'ensuyura aussi que la pyramide H K I,
ayant telle base qu'on voudra, recevra aussi la mesme proportion
en ses parties, icelle estant la sixiesme partie d'vn solide paralleli-
pede, de mesme hauteur & largeur *par les mesmes corollaires du 7
du 12.*

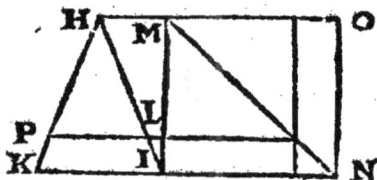

La raison des cones est semblable à celle des pyramides comme il a esté monstré.

De la mesure de la sphere.

CHAPITRE VII.

Tout ainsi que le cercle est l'enclos de toutes les figures plai-
nes regulieres, ainsi la sphere est l'enclos de tous les corps re-

galiers;& comme ce qu'elle comprend peut estre mesuré, aussi
tombe elle soubs la mesure tant pour le regard de sa superficie
que de son contenu solide. Mais pour venir à ce contenu solide,
il conuient mesurer premierement la superficie, pour les raisons
qui seront cy apres monstrees.

*Or la superficie de la sphere, contient quatre fois autant que
le plus grand cercle d'icelle.*

Cecy se preuue ainsi. Soit le plus
grand cercle de la sphere à mesurer
A B C D, d'is lequel soit inscrite vne
figure reguliere de plusieurs costez
& angles, comme AEFBGHCMN
D L K, le diametre du cercle soit A
C: soient aussi tirees les lignes E K,
F L, B D, G N, H M, lesquelles aurôt
telle raison au diametre A C que la
ligne droite de C au premier angle
E(sçauoir CE) au costé E A: car EX à
telle raison à X A que K X à X O, *par la 29 du 1,& par la 21 du 3.* Et
ainsi des autres suiuantes: comme F P à P O, ainsi L P à P Q: B R
à R Q: D R à R S: G T à T S: N T à T V: H Y à Y V: M Y à Y C.
Tellement que les toutes coniointes, ont vne mesme raison a
toutes les autres coniointes (c'est à dire au diametre A C) comme E X à X A, *par la 18 du 5.* Or comme E X à X A, ainsi C E à E
A, d'autant que le triangle E X A est equiangle au triangle C E
A, *par la 8 du 6.*

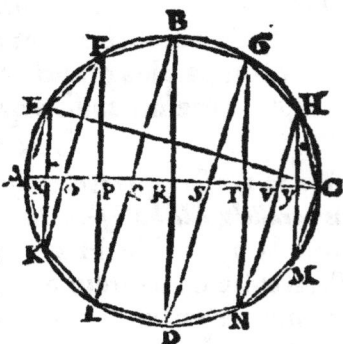

Or si nous presuposons en la sphere vne figure solide d'autant
d'angles, & composee de plusieurs cones imparfaits, comme E F
L K, F B D L, B G N D, G H M N, & de deux cones entiers comme E A K & H C M, il sera euident que la superficie du cone
E A K est egalle au cercle qui a pour demidiametre la moyenne
proportiónelle entre A E & E X: la superficie du cone imparfait
E L est aussi egalle au cercle duquel le demidiametre est la moyéne proportionnelle entre la ligne E F (c'est à dire E A) & la composee de P L, X E. Le cercle duquel le demidiametre sera moyen
proportionnel entre F B (c'est à dire A E) & la composee de P L,
B R, est egal à la superficie du cone imparfait F D. Le cercle aussi
duquel le demidiametre est moyen proportiónel entre B G (c'est
à dire E A) & la composee de R D, G T, est egal à la superficie
du cone imparfait B N. Le cercle aussi qui a son demidiametre

moyen proportiónel entre G H [c'est à dire A E] & la compofee
de T N, H Y, est egal à la fuperficie du cone imparfaict G M: finalement le cercle duquel le demidiametre est moyé entre Y M
& H C [c'est à dire E A] est egal à la fuperficie du cone H C M.
toutes ces chofes ont esté cy deuant amplement demonstrees. Il
est dóc euidét que le cercle duquel le demidiametre fera moyen
proportionnel, entre le costé E A & la ligne compofee de E k,
F L, B D, G N, H M, fera egal à la fuperficie de telle figure folide
infcrite en la fphere, comme dit est : lequel cercle fera auffi moindre que quadruple au plus grand cercle de la fphere, ainfi qu'il fera prefentement monstré. Soit donc le demidiametre de ce cercle

λ ——————————————————————————— ε

qui est egal à la fuperficie de la figure infcrite λι. Il a esté monstré
que la ligne compofee predite, est à la ligne A C, comme C E à
E A: icelles quatre font donc proportionnelles: tellement que *par*
la 16 du 6, ce qui est fait de la compofee par E A, est egal à ce qui
prouient de A C par E C: donques la moyenne proportionnelle
λι fera auffi moyenne proportionnelle entre A C & E C [car il ny
a qu'vn produict *par la 1 commune fentence* d'Euclide. Mais d'autant
que A C est plus grand que E C *par la 15 du 3*, il s'enfuiura auffi
que la mefme A C fera plus grande que la moyenne proportionnelle λι, & par confequent le cercle defcrit fur le demidiametre λι moindre que le cercle duquel le demidiametre fera A C
[qui est quadruple au plus grand cercle de la fphere A B C D]
par la 2 du 12.

Pareillement fera monstré que la
fuperficie de femblable figure folide
circonfcrite à l'entour de la fphere,
fera plus grande que quadruple au
plus grand cercle d'icelle fphere. Soit
donc icelle figure circonfcrite E κ F
G H : il est euident *par les raifons de-*
uant dites que la ligne compofee de
κ I, M N, E G, O P, Q R, a telle raifon au diametre F H, que la ligne
H κ à κ F : la fuperficie donc de la fi-
gure circonfcrite est egalle au produict de la compofee par κ F
[c'est à dire de F H par H κ] *par les raifons or. mifes*, la moyéne dóc
entre F H & H κ est plus grande que H κ laquelle H κ est egalle au diametre de la fphere S X, *par la 2 du 6*. Il s'enfuit donc que
le cercle duquel le demidiametre fera egal à la moyenne, fera plus
grand

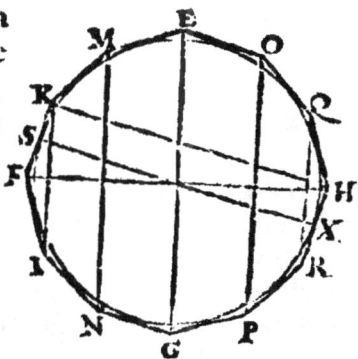

grand que le cercle qui aura son demidiametre egal au diametre de la sphere, lequel est quadruple au plus grand d'icelle. Veu dōc qu'on ne peut inscrire ny circonscrire en la sphere aucune figure solide de laquelle la superficie n'ait plus petite, ou plus grande raison à la superficie d'icelle sphere, que le cercle quadruple au plus grand cercle d'icelle, à la superficie d'icelle mesme sphere: nous conclurons icelle superficie spherique estre iustemēt egalle au cercle quadruple au plus grand cercle de la sphere. Si donc le diametre de la sphere est 14 la circonference sera 44, & le contenu de ce plus grand cercle 154 : lequel multiplié par 4 produira 616, pour tout le contenu de la superficie de la sphere.

Corollaire 1.

Si vne sphere est couppee par vn plan, les superficies conuexes des sections sont l'vne à l'autre comme les parties du diametre (couppé par le mesme plan) sont l'vne à l'autre en longitude.

Soit donc la sphere couppee par A H G, & soit dans l'vne des sections inscrite vne figure solide de plusieurs angles & costez egaux comme A B C D E F G, & soient aussi tirees les lignes C E, B F. Il est euident *par les demonstrations precedentes* que telle raison que la ligne composee de C E, B F, A G, a en la ligne D H, telle aussi à la ligne I C à C D. De ces quatre proportionnelles donc ce qui est faict de la composee par C D, est egal à ce qui est faict de IC par D H, *par la 16 du 6*. Or le cercle qui a son demidiametre egal à la moyēne entre la composee & C D, (c'est à dire entre IC & DH) est egal à la superficie de la figure solide inscrite en la portion de la sphere, *par les raisons prealeguees*. Mais tel cercle est moindre que celuy qui a pour demidiametre D A [car icelle D A est moyenne entre D I & DH] *par la 8 du 6* : lesquelles sont plus grandes que I C & H D *par la 15 du 3*. Semblablemēt si on circonscrit à l'entour de la mesme sectiō de sphere vne figure solide semblable d'autant d'angles & costez comme O K L &c. la superficie d'icelle sera egalle au cercle qui aura pour diametre la moyēne entre le costé K L & la ligne composee de toutes les lignes qui conioindront les angles, cōme il a esté monstré cy deuant. Icelle moyēne sera aussi moyēne entre

I

X K & L H [qui font plus longues que I C & D H] & par confequent plus grandes que A D [qui eſt la moyéne proportionnelle
entre D I & D H.] Veu donc que la ſuperficie de toute figure
ſolide inſcrite en la ſection de la ſphere, eſt egalle à vn cercle duquel le demidiametre eſt moindre que D A : & que la ſuperficie
de toute figure circonſcrite à l'entour de la meſme ſection, eſt
egalle au cercle, duquel le demidiametre eſt plus grād que la meſme D A : nous conclurons qu'icelle D A eſt le demidiametre d'vn
cercle egal à la ſuperficie conuexe de la ſection A C D F G.

Nous pourrons auſſi par les meſmes raiſons & demonſtratiós
prouuer que I A eſt le demidiametre d'vn cercle egal à la ſuperficie conuexe de l'autre ſection A I G.

Poſons donc D I de 14, & D H de 10 & demy : telle raiſon que
D H ha à H A, telle obtient auſſi A H à H I : *par la 4 & 8 du 6.* Or
A D eſt à I A comme A H à H I, *par la meſme.* Mais, *par le corollaire
de 19 & 20 du 6.* comme D H eſt à H I en longitude, ainſi A H
à H I par puiſſance [c'eſt à dire A D à I A auſſi par puiſſance, car
les lignes ſont monſtrees proportionnelles] dont s'enſuit, que
comme D H eſt à H I en longitude, ainſi eſt la ſuperficie conuexe de la grande ſection A B D G, à la ſuperficie conuexe de la
petite ſection A I G. Or D H eſt poſé contenir trois fois autant
que H I : la ſuperficie conuexe de la grande ſection contiendra
donc trois fois autant que la ſuperficie conuexe de la petite : mais
d'autant que la ſuperficie des deux contient 616, la grande ſera de
462, & la petite de 154. Ainſi ſeront facilement meſurees les ſuperficies conuexes de toutes ſections : car telle raiſon qu'aura la
plus grande partie du diametre [couppé par le plan] à la plus petite en longitude : telle & ſemblable aura par puiſſance la ſuperficie
conuexe de la plus grande ſection à la ſuperficie conuexe de la
plus petite. Cecy eſt par nous traité plus amplement en la deſcri-
ption du planiſphere.

Corollaire 2.

*Des choſes cy deuant demonſtrees, il s'enſuyura que la ſuperficie conuexe
de toute ſection de ſphere, ſera egalle au cercle, duquel le demidiametre eſt
egal à la ligne qui eſt tiree du ſommet de la ſection à la circonference du
cercle qui ſepare icelle ſection du reſte de la ſphere.*

Corollaire 3.

*Il eſt auſſi tres-euident, que toute figure plane peut eſtre auec quelque
facilité ſuſcrite à la ſuperficie de la ſphere, rapportant les angles plans aux
ſphériques : & conuerſement.*

Comme, ſi ſur la ſphere nous deſirons deſcrire la figure plane
A B C D. Il faudra tracer l'arc G E, en ſorte que ſa corde ſoit egale à B A, & l'arc G H, qui ait ſa corde egale à B D: ſemblablemét
l'arc G F, qui ait ſa ligne droite egale à B C: & le tout en ſorte que
l'angle ſpherique E G H, ſoit egal à l'angle plan A B D, & ainſi
conſequemment tous les autres angles qui ſeront en G, ſoient
egaux aux angles plans qui ſont en B: alors fermant la figure aux
extremitez des lignes, on obtiendra finalement vne ſuperficie e-
galle à la ſuperficie dōce & ſemblablement deſcrite ſelō le ſuiet.

Que ſi la figure E F H G, eſt plus
grande que l'autre: il eſt certain que dãs
icelle ſe pourra tracer vne figure de pluſieurs pieces de cercle, laquelle ſera encores plus grande que A C B D : *par la
commune ſentence premiſe.* Ce qui eſt abſurde, d'autant que telle figure ſeroit egalle
à vne autre figure de pluſieurs pieces de
cercle inſcrite en A C D, *par les precedétes:*
& la circóſcrite à E F H, ſeroit auſſi ega-
le à la circonſcrite à l'entour de A C D : il faut donç par neceſſité
que E F H ſoit egale à A C D.

Or des circonferences & circuits de telle figure ſuſcrites à la ſuperficie de ſphere, on n'en peut donner aucun precepte : mais on
approchera d'autant plus pres de la verité diuiſant la figure plane
en pluſieurs angles, au poinct B : car la multitude d'iceux reduits
ſur la ſphere, rendront la figure plus preciſe, *comme il eſt par nous
plus amplement demonſtré au traité de la mappemonde & planiſphere*
Seconde partie de ce chap.

*Le contenu ſolide de la ſphere eſt quadruple au cone, qui
a pour baſe le plus grand cercle de la ſpere, & ſa hauteur egale au demidiametre d'icelle.*

Faut donc premierement demonſtrer, que quelconque figure
ſolide compoſee de deux cones & cones imparfaits [comme la
deuant dite] inſcrite en la ſphere, eſt egalle au cone, duquel la baſe eſt egale à la ſuperficie d'icelle figure & la hauteur egale à la
ligne tirée perpendiculairement du centre de la figure à l'vn de
ſes coſtez. Soit donc entendue icelle figure inſcrite comme eſt
la preſente: & ſoient decrits les cones ſur les cercles N F, M G, L
H, K I, ayans leurs ſommets au centre X. Il a eſté mõſtré au chap.
precedent que le cone duquel la baſe eſt egale à la ſuperficie du

cone N A F, & la hauteur à la ligne tiree de l'extremité X en angles droits
sur N A, est egal au rhombe N A F X.
Semblablement que le cone (duquel
la base est egalle à la superficie d'entre
les cercles N F, M G, & la hauteur à la
ligne tiree de X en angles droits sur
M N (ou sur N A) est egal au residu
compris entre les superficies lateralles
du cone N X F(par dedãs) & du cone
M X G(par dehors.) Aussi que le co-
ne duquel la base est egalle à la superficie lateralle entre les cercles M G & D B, & la hauteur à la ligne tiree de X en angles
droits sur D M (ou N A) est egal au residu qui est entre le plus
grand cercle D B, & la superficie lateralle du cone M X G, qui a
le sommet en X. Et ainsi a esté & peut estre demonstré de l'autre
hemisphere. Veu doncques que la superficie des bases de ces cones, est egalle à la superficie exterieure de telle figure solide inscripte, & la hauteur egalle en tous: il s'ensuiura, qu'vn seul cone
duquel la base sera egalle à toutes les bases des autres ensemble,
& la hauteur de mesme (c'est à dire la ligne procedant de X, &
tombant perpendiculairement sur N A) sera egal à la figure solide, *comme on peut colliger par la 11 du 12.*

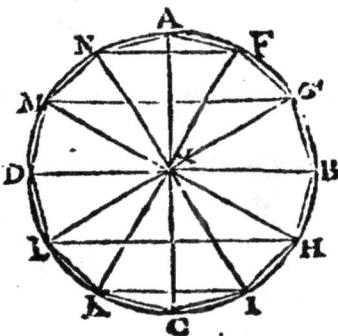

Or la superficie de ceste figure inscrité a esté monstree moindre que quadruple au plus grand cercle de la sphere : & la ligne
perpendiculaire de X sur N A moindre aussi que le demidiametre X A. Il s'ensuit donc que ce cone sera aussi moindre que quadruple au cone qui aura pour base vn grand cercle & sa hauteur
le demidiametre de la sphere.

Semblablement a esté demonstré que la superficie d'vne semblable figure circonscrite à l'entour de la sphere, est plus grande
que quadruple au plus grand cercle d'icelle sphere: il s'ensuit dõc
que le cone, duquel la base sera egale à la superficie d'icelle circõ-
scrite, & la hauteur egale à la ligne tiree perpendiculairement sur
l'vn des costés (c'est à dire au demidiametre de la sphere) sera plus
que quadruple à la sphere. Veu dõc qu'on ne peut circõscrire, qui
ne soit plus que quadruple au cone qui aura vn grãd cercle cõme
A B C D pour base, & sa hauteur X A: nous concluerõs, que ce cone sera egal à la quatriesme partie de la sphere: & sera icelle sphere quadruple au mesme cone ce qu'il failloit demonstrer.

Si donc le plus grand cercle de la sphere a pour diamametre 14, fa circonference fera 44, & fon contenu 154, qui feront pour bafe du cone qui aura 7 de hauteur: iceux 154 multipliez par le tiers de 7, ou 7 par le tiers de 154, produiront 359, & 1 tiers, pour le contenu folide du cone qui fera egal à la quatriefme partie de la fphere. Ce nombre multiplié par 4 produira 1437 & 1 tiers, pour le contenu vniuerfel de la fphere propofee.

Corollaire 1 de la feconde partie de ce chapitre.

Tout fecteur de fphere eft egal au cone, duquel la bafe eft egalle à la fu-perficie connexe d'iceluy fecteur, & fa hauteur au diametre d'icelle fphere.

Car le fecteur M A G X (de la figure folide infcrite en la fphere) eft egal au cone, duquel la bafe eft egalle à la fuperficie exterieure d'iceluy fecteur, & fa hauteur egale à la ligne perpendiculaire de X à l'vn des coftez: l'autre plus grand M C G, eft auffi egal au cone, duquel la bafe eft egalle à la fuperficie exterieure d'iceluy fecteur, & fa hauteur auffi egalle à la ligne tiree en angles droits du centre X fur l'vn des coftez, *comme on a peu entendre par le difcours cy deuant.* Or la fuperficie de tels fecteurs eft moindre que celle des fecteurs de la fphere: & la fuperficie des fecteurs d'vne figure circonfcrite, eft plus grande que la fuperficie de la mefme fphere: il s'enfuit donc (*par les regles deuant dictes*) que la propofition de ce corollaire eft veritable, fçauoir que

Tout fecteur de fphere eft egal au cone duquel &c.

Comme pour exemple, foit le fecteur à mefurer A B C E, duquel les lignes droictes A B, B C, C E, & E A, foient chacune de 7 pieds, la ligne droicte A C pourra eftre de 12 & 1 huictiefme. Il a efté monftré que A B eft le demidiametre d'vn cercle egal à la fuperficie cambre de la fection de la fphere A B C: ce cercle contiendra donc 154: le tiers defquels multiplié par B E (c'eft à dire par 7) fera produict 359 & 1 tiers, pour le contenu du fecteur de fphere A B C E.

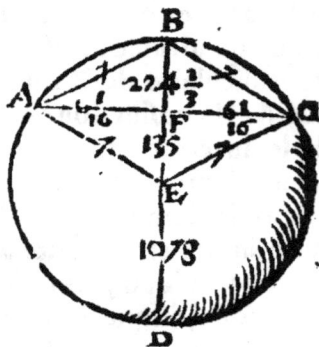

Que fi on fouftraict 359 & 1 tiers de tout le côtenu de la fphere 1437 & 1 tiers reftera 1078, pour l'autre contenu de l'autre plus grand fecteur A D C E: auquel, fi on adioufte le cone A C E (qui a pour bafe le cercle couppant les fections & duquel le diametre eft A C) on obtiendra le contenu de la fection A D C A.

Soit donc le diametre de la bafe de ce cone 12 & 1 huictiefme,

cõme il a esté posé:la circonference sera vn peu plus de 38:le contenu
enuiron 116:lequel côtenu multiplié par le tiers de F E (c'est à dire
par 1 & 1 sixiesme) ou F E par le tiers de 116, qui est 38 & 2 tiers,
produira 135,pour le conteuu solide du cone A E C, iceux 135 ad-
ioustez à 1078,sera faict le nombre 1213,egal à la plus grande section A D C finallement le mesme nombre 135 leué de 359 & 1
tiers restera 224 & 1 tiers , egal au contenu solide de la plus petite section A B C A.

Corollaire. 2.

*Il est donc manifeste par les choses cy deuant demonstrees que le cylindre
qui a vn grand cercle de la sphere pour base,& sa hauteur egalle au diametre de la sphere est sesquialtere à icelle sphere:Et la superficie aussi (y compris les deux bases)est sequialtere à la superficie de la mesme sphere.*

~ Corollaire 3.

*La sphere aussi sera auec quelque facilité,diuisee par sections, qui auront
l'une à l'autre telle proportion qu'on voudra.*

Comme en la sphere A D C B soit la proportion donnee le
grand secteur F D H K,& le petit F B H K,auquel petit faut faire vne section egalle. Il a esté mónstró,que le cone qui aura pour
base le cercle descrit sur la ligne droicte B F, estre egal au secteur
F H K.Soit donc faite vne autre ligne droite B A,& de telle longueur,que C K dequoy le cercle descrit sur icelle excedera le cercle de B F,soit au cercle de la perpendiculaire A G , comme A K
est à K G en longueur:lors ie di que la section A I B sera egalle
au secteur F H K: d'autant que tel exces, multiplié par le tiers de
A x, produict le contenu du solide A x F, qui a esté adiousté à
l'entour du premier secteur F H x , *comme il a esté monstré tant au
corollaire 7 du chap.6 de ce liure , qu'en ce chap.present.* Il s'ensuit donc,
par les mesmes, que le cone A I x sera egal au solide ainsi adiousté:
Car la base de l'vn est à la base de l'autre , comme la hauteur de
l'autre à la hauteur de cestuy *selon la construction.*

Si donc on soustraict le
cone A I x : il restera la section AIB egale au secteur
F B H x : mais cecy n'est
point simplement determi-
né,& n'a on encor trouué la
raison entre telles lignes,
non plus que du cercle à son
diametre. Et Archimedes

n'a point autremert declaré , qu'en ce qu'il dit, que au diametre BD faut adiouſter D L egale au demidiametre,& couper LD ſelon la proportion donnee,comme L M. Alors diuiſant en N,en ſorte que DB ſoit à NB par puiſſance,comme NL à LM en longueur, la ſphere ſera auſſi couppee ſelon la proportion deuant diᶜte,par vn plan qui paſſera en angles droicts par le point N.

Suyuant donc ce qui a eſté monſtré , la ſphere ſera auſſi couppee ſelon la proportion donnee par ſuperficies ſpheriques tant conuexes que concaues,ſelon l'inſtruction de la diuiſion du cercle.

Corollaire 4.

Par ces choſes,il s'enſuit qu'on peut augmenter vne ſphere ſelon toute proportion donnee.

Car tout le contenu eſtant reduict en cube on trouuera incontinent la raiſon de l'axe de la ſphere,laquelle luy ſera egalle.

Des corps compris de ſuperficies ouales.
Et premierement du Cylindre ouale.

CHAPITRE VIII.

De tout cylindre ayant ſes baſes ouales, l'vne d'icelles multipliee par la hauteur orthogonelle du meſme cylindre,produict le contenu ſolide d'iceluy.

Comme ſoit le cylindre , duquel la baſe eſtant ouale (ayant ſon plus long diametre 7 & le plus petit 3 & demy)contienne 19 & 1 quatrieſme: & la hauteur d'iceluy cylindre ſoit 8 : il conuient multiplier la baſe 19 & 1 quatrieſme par 8 : & le produict 154 eſt egal au contenu ſolide du cylindre ouale donné.

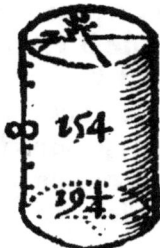

De la meſure du cone oualle.

CHAPITRE IX.

De tout cone ouale la baſe multipliee par le tiers de la hauteur orthogonelle d'iceluy, produict le contenu ſolide du meſme cone.

Cōme ſoit le cone duquel la baſe eſt ouale ſemblable & egalle a la baſe du cylindre precedent, & la hauteur orthogonelle de 9 pieds: il faut multiplier le tiers de la baſe par 9,ou le tiers de 9 par toute la baſe , & le produict 57 & 3 quarts eſt egal au conte·

nu folide du cone propofé.

Quant aux autres cylindres,& cones oualcs, rhó-
boides, ils feront mefurez facilement, fi on obferue
diligemment la ligne perpendiculaire qui tombe du
fommet de chacun corps fur la bafe , ou fur la conti-
nuatió directe d'icelle, *còme il a efté monftré ex autres cy-*
lindres & cones precedents. Et le tout neantmoins fondé
fur les raifons par nous cy deuant alleguees,que ie ne repeteray à
caufe de briefueté.

De la mefure du Spheroide.

CHAPITRE X.

Le contenu folide du Spheroide oblong eft double au rhom-
be qui a pour hauteur le plus long diametre(c'eft à dire laxe
du Spheroide)& la bafe commune fur le cercle du plus petit
diametre.

Comme foit le Spheroide G D A K,duquel laxe foit G A, &
le plus petit diametre D K. Il faut monftrer que le fpheroide eft
double au rhombe duquel la bafe eft le cercle N Q I R , & la
hauteur G A , c'eft à dire quadruple au cone qui aura le mefme
cercle pour bafe,& la hauteur G M. Soit donc infcripte au demi-
cerclé Q N R vne figure reguliere de tant de coftez qu'on vou-
dra comme Q P O N T|S R,& foient tirees les lignes O T,P S,
Q R,paralleles. Apres foit couppé le demidiametre GM en mefme raifon que N V,fçauoir comme X N à E G,ainfi N V à GM:
& ainfi des autres parties & foyent tirees les lignes BH,CL,DK.
Icelles feront egalles aux lignes OT,PS,QR, *commeil a efté mon-*
ftré au chap. 10 *du 2 liure en la mefure de l'ouale.* Finallement foyent
auffi tirees les lignes droictes D C B G H L K.

Si donc nous prefuppofons l'hemifphere Q N R,& au demi-
fpheroide vne figure folide d'autant d'angles & coftez, compofee de cones & cones imparfaicts,il eft manifefte , *par les chofes cy*
deuant demonftrees, que le cone O T N a au cone B H G telle raifon que Y N à F G:*par la 14 du 12,*c'eft à dire N V à G M.Secóde-
mēt le cone imparfait P O T S a mefme raifon au cone imparfait
C B H L,que Y X à FE(qu'eft NV à GM)ainfi eft le cone imparfait Q S au cone imparfait D L:d'autant que le cone imparfait de
la fphere eftát acheué le diametre du cercle couppát le cone,aura
au diametre de la bafe telle raifon que la perpendiculaire du co-

ne ádioufté à la perpendiculaire de tout le cone parfaict *par la 4*
du 6. (Ainfi eft des cones imparfaicts du fpheroide, s'ils font
acheuez) Les hauteurs dóc de tous les cones parfaicts de la fphere auront mefme raifon aux hauteurs des cones parfaicts du
fpheroide que les reftes Y X, X V à Γ E, E M (c'eft à dire N V à
G M) *par la connerfe de la 11 du 7.*

T oute figure folide infcripte en la fphere, a donc la mefme raifon à l'autre infcripte au fpheroïde, que N V à G M : & la raifon
fera de mefme es figures folides circonfcriptes: *ainfi qu'on peut col-*
liger du 7 chap. de ce liure Dont eft manifefte que la fphere aura
auffi au fpheroïde de la mefme raifon fçauoir de N V à G M.

Or il a efté monftré que lemif-
phere eft double au cone qui a le
cercle N Q I R pour fa bafe & fa
hauteur N V. Mais ce cone a au cone qui a le mefme cercle pour fa bafe, & fa hauteur G M, la mefme raifon que N V à G M *par la 14 du 12.*
Il s'enfuit donc que la moictié du
fpheroïde eft double au cone, qui a
fa hauteur G N , & fa bafe le cercle
duquel le diametre eft D κ. Ainfi
fera monftré de l'autre hemifphere
Q I R, & de l'autre moictié de fpheroïde D A κ. Si donc nous pofons
D κ de 14,& G A de 28, la fphere de
laquelle l'axe eft 14 contiendra en
fon contenu folide 1437 & 1 tiers:
Et le fpheroïde 2874 & 2 tiers, qui
eft le double de la fphere, d'autant
que G M eft double à D κ.

Corollaire I.

Des chofes ey deu.ît demonftrees, il s'en-
fuit que le fecteur & la fection de la fphe-
re ont mefme raifon au fecteur & fection du fpheroïde, que le plus petit dia-
metre du fpheroïde à l'axe d'iceluy fpheroïde.

Comme foit la fection de la fphere P N S, laquelle couppe la
ligne N V au point X , en mefme raifon comme la fection du
fpheroïde C G L coupe la ligne G M au point E. Il eft euident
que dans l'vne & l'autre fection peuuent eftre infcrites certaines

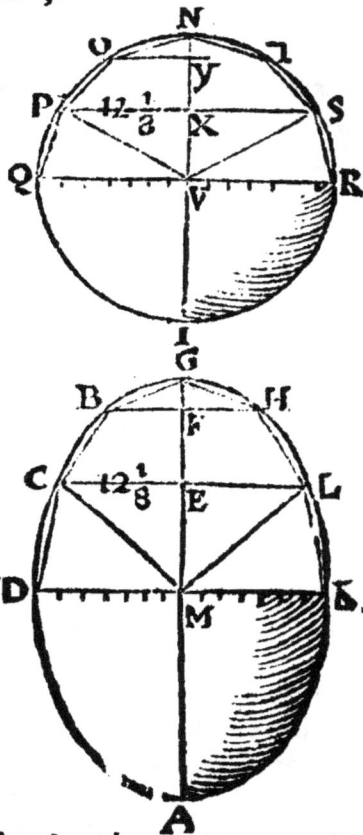

figures folides d'autant de coftez & angles l'vne que l'autre, & en
forte que celle infcrite en la fection de fphere, aura mefme raifon
à l'autre infcrite à la fection du fpheroïde, que N V à G M: côme
auffi pourront eftre circonfcrites à l'entour d'icelles fectiôs fem-
blables figures, qui auront l'vne à l'autre la mefme raifon, *cela a*
efté demonftré au chap. 7. Or le cone duquel le diametre de la bafe eft
P S, & la hauteur X V, a mefme raifon au cone duquel le diametre de la bafe eft G L, & la hauteur E M que D M à G M. Il s'enfuit donc que le fecteur & la fection de la fphere, ont mefme raifon au fecteur & fection du fpheroïde, que D M à G M. Si donc
nous pofons la hauteur de la fection de fphere N X eftre le quart
de I N: il s'enfuiura *par le premier corollaire du chap.* 7 *de ce liure*, que
la fuperficie conuexe de la fection, fera le quart de la fuperficie de
la fphere: tellement que le cone qui aura fa bafe egalle à icelle fuperficie de fection, & fa hauteur le demidiametre N V, fera la
quatriefme partie de la mefme fphere, & egal au fecteur P N S V,
qui contiendra par ce moyen 359 & 1 tiers. Or le fecteur du fpheroïde C G L M eft demonftré double à iceluy fecteur de fphere. Il s'enfuit donc qu'il contiendra 718 & 2 tiers: duquel fecteur
C G L M fi on ofte finallement le cone C L M qui contiét 270,
il reftera 448 & 2 tiers, pour le contenu folide de la fection du
fpheroïde, C L G.

Seconde partie.

La *fuperficie du Spheroide eft à la fuperficie de la fphere*
infcrite, comme la circonference de l'vn à la circonference de
l'autre.

D'autant que les fuperficies des cones imparfaits tant infcrits
que circonfcrits, font les vnes aux autres comme leurs coftez, cecy eft manifefte. Si donc nous pofons la circonference G D A x
de 62, icelle multipliee par 14 produira 868 pour la fuperficie du
fpheroïde. Or que la circonference du fpheroïde à la circonference de la fphere ait mefme raifon que le grand diametre au petit, cela eft manifefte en la demonftration du cylindre couppé
par vn plan non en angles droits.

Corollaire 2.

Le *fpheroïde fe diuifera auffi felon toute proportion donnee, par plans qui*
couperont l'axe en angles droits.

Car fi la fphere infcrite eft diuifee premierement (comme il a
efté monftré) felon la proportion donneé, il s'enfuiura (diuifant
l'axe du fpheroïde en femblable raifon que l'axe, de la fphere au-

ra esté diuisé)que les sections de l'vn auront mesme raison aux sections de l'autre, *par les demonstrations precedentes.*

Or pour mettre fin à la mesure des spheroïdes, ie metray encores en auant comment se peuuët mesurer les muids & tonneaux, qui sont vases & corps les plus fameux entre tous les autres. Posons donc la pinte(ou autre mesure commune)contenir autant que le cube qui aura 5 poulces de chacun costé, laquelle longueur(pour plus facile intelligence)nous appellerons poignee. Maintenât soit le tonneau duquel la longueur G K est de 21 poignees, la hauteur B C 14, & le diametre de l'vne des faces couppee K I 9 & 1 tiers: maintenant il conuient sçauoir la longueur de D L, pour laquelle obtenir, metons la ligne D P egalle à H K, & soit imaginee la ligne droicte P K: soit aussi tiré le demidiametre D S, egal à D B: le quarré d'iceluy sera 49, egal aux quarrez de P D & P S, *par la 47 du 1.* Si donc de 49 on leue le quarré de P D (c'est à dire 21 & 7 neufiesmes) resteront 27 & 2 neufiesmes, la racine quarree desquels est enuiron 5 & 1 quart, pour la longueur

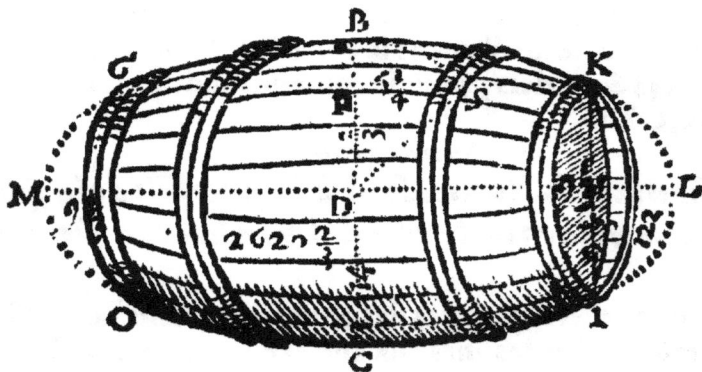

de la ligne P S. Mais il a esté monstré, que telle raison que P S ha à P K, telle aussi a B D à D L. Il s'ensuit donc que P K est double à P S, & D L aussi double à B D. Soit donc mesuré le rhombe duquel la base cõmune est le cercle qui a son diametre B C(c'est à dire 14) & l'axe ou hauteur la ligne M L, (c'est a sçauoir 28) iceluy contiendra 1437 & 1 tiers, egal à la sphere de laquelle le diametre est B C: ce nõbre doublé fait 2874 & 2 tiers, egal au spheroide, *comme il a esté mõstré.* Apres soit imaginee la sphere couppee par vne superficie plane, en sorte que le diametre d'icelle sphere soit aussi couppee en mesme raison que M H, H L: la superficie conuexe de telle section sera la huictiesme partie de la superficie de la sphere(car H L est la huictiesme partie de l'axe M L) & par confequent le fecteur compris foubs icelle fuperficie fera auffi la huictiefme partie folide de la mefme fphere, *cela a efté mõftré*. Dõt eft euident, que le fecteur du fpheroide DILK, eft la huictiefme partie de tout le corps parfait, & contiendra 359 & 1 tiers:duquel fecteur fi on ofte & fouftrait le cone duquel la bafe eft le cercle KI, & la hauteur H D, le refte fera le contenu de la fection K IL retranchee du tonneau. Soit donc mefuré le cone, duquel le diametre de la bafe eft 9 & 1 tiers, en cefte forte: multiplie la circonference d'icelle bafe (c'eft à dire enuiron 29) par le quart de 9 & 1 tiers (fçauoir par 2 & 1 tiers) le produict fera 67 & 2 tiers. Derechef, multiplie ce produict par le tiers de H D (c'eft à dire par 3 & demy) le produit fera prefque 237, lequel leué & fouftrait de 359 & 1 tiers reftera le nombre 122, lequel eft egal au contenu de la fection K IL. Les deux fections donc K I L & G O M leuees de tout le fpheroïde (c'eft à dire 244 de 2874 & 2 tiers) reftera le nombre 2630 & 2 tiers, qui eft le contenu du tonneau propofé: c'eft à dire qu'il contiendra 2630 poignees cubes, pintes, ou autres mefures communes que tu auras pofé auec deux tierces parties, ce qu'il failloit demonftrer.

Des corps defquels les bafes font fpiralles.

CHAPITRE XI.

De toute colomne, de laquelle la bafe fera enclofe en vne fpirale, la mefme bafe multipliee par la hauteur orthogonelle d'icelle colomne produira le contenu folide de la mefme colomne.

COmme pour exemple foit la colomne A B C D E, de laquelle l'vne des bafes fpiralles foit de 51 & 1 tiers de pied, à caufe de la ligne E B qui eft de 7 qui mõftre, que le cercle ayant pour demidiametre E C cõtiẽdra 154 *par le chap. 9 du 2 liure*, le tiers defquels eft 51 & 1 tiers pour la fuperficie enclofe en la fpiralle *par le chap. 11 du 2 liure.* Iceux 51 & 1 tiers multipliez par la hauteur C B (qui eft de 9) produiront 462 pieds, à quoy fe monte le contenu folide du corps A B C D.

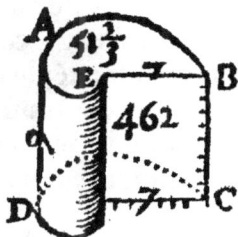

Du cone ſpiral.

CHAPITRE XII.

De tout cone, duquel la baſe ſera encloſe en vne ſpiralle,
la meſme baſe multipliee par le tiers de la hauteur orthogonelle
du cone, produira le contenu ſolide du meſme cone.

COmme ſoit le cone ſpiral, duquel la baſe contienne 51 & 1
tiers, & la hauteur orthogonelle 9: icelle baſe
multipliee par 3 produira 154 pieds ſolides, pour le
contenu du meſme cone.

Si ces corps (deſquels les baſes ſont ſpiralles)
ſont rhôboides & panchants, ils ſeront meſûrez, ſi
on obtient leur hauteur orthogonelle, comme il a
eſté dit des autres corps rhomboides, *le tout par les raiſons tant de*
fois alleguees en la meſure des cylindres & cones.

De la meſure des corps irreguliers.

CHAPITRE XIII.

QVant aux autres corps irreguliers, nous n'en auons aucune
choſe preciſe, ſinon ſuyuant l'inuention qu'Archimedes
trouua contre la tromperie de l'orfeure, qui auoit falſifié la cou-
ronne d'or dediee aux Dieux par le Roy Hieron.

Ceſte inuention eſt telle. Soit preparé vn
vaiſſeau rectangle parallelepipede (comme
A B C D) dans lequel y ait de l'eau à ſuffi-
ſance.

Et ſoit le corps irregulier G à meſurer, lequel conuiét metre au vaiſſeau en ſorte qu'il
ſoit couuert d'eau: & lors l'eau ſe hauſſant
(comme pour exéple depuis E iuſques à A)
monſtrera le contenu de G: car il eſt tref-
euident que le rectangle ſolide qui aura les meſmes dimenſions
que ce hauſſement d'eau A E F B, ſera egal au corps irregulier.

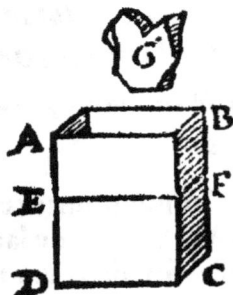

De la maniere de peſer.

CHAPITRE XIIII.

D'Autant que la ſcience de peſer depend de la geometrie, il ne
ſera inutile de monſtrer comment on peut par vn ſeul poids

& par vne seule balance cognoistre les pesanteurs, *Archimedes* au theoreme sixiesme du premier liure *de æque ponderantibus dit que,* deux pesanteurs inegalles seront en equilibre, si elles sont mises & constituees en distances selon la proportion de leur poids.

Si donc en la balance B E H, les deux corps inegaux F, G sont egallement balancez, il faut que la ligne E C soit à C D comme la pesanteur G à F, tellement que l'vn des poids estant cognu comme posons F estre

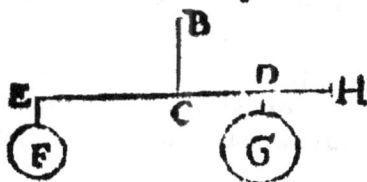

vne liure, & la ligne E C double à C D, il est certain que le poids G sera double au poids F *par la conuerse de ce theoreme.* Et cecy est general, que telle proportion qu'il y aura aux lignes de costé & d'autre de l'examen B C, telle & semblable sera aux poids suspendus.

Il y a encor vne autre maniere de peser en vne balance plusieurs liures auec peu de poids: mais la subiection y est plus grande que en ceste cy, & pourtant nous la laisserons, à cause de briesueté: & pour metre fin à cest œuure, nous declarerõs & demonstrerons encore ceste nostre inuention, de la maniere de distinguer les metaux de semblable forme, & de pesanteur egale mis & cachez en autres corps egaux & semblables, tant pour respondre à ceux qui estiment chose impossible au seruiteur de l'Empereur de pouuoir choisir sans difficulté ny doute la boite plaine d'or, & laisser celle plaine de plomb, que pour orner & enrichir ceste fin de liure d'vne telle inuention, de laquelle dependét plusieurs belles & gentilles subtilitez, qui ne seront inutiles aux amateurs & studieux de ceste science. Il faut donc premierement estre aduerty que

Deux metaux de mesme forme, & egalle pesanteur, ne sont pas d'egalle grandeur.

L'experience nous a fait assez cognoistre que l'or est le plus pesant de tous les metaux occupât le moins de place: il s'ensuiura donc que mesme pesanteur de plomb occupera plus de lieu.

Si donc on presente deux globes de bois, ou autre matiere, semblables & egaux, dans l'vn desquels, & au milieu, y ait vn autre globe de plomb pesant vne liure (comme C,) & au milieu de l'autre y ait aussi vn autre globe d'or pesant vne liure (comme B:) il est euident, que les centres des pesanteurs seront aussi les centres des globes, soit neãtmoins le tout fait en sorte que la boëte

& le contenu d'vn cofté foit egal & de mefme pefanteur à la boëte & contenu de l'autre.

Et pour fçauoir auquel des deux eft l'or, prends vn inftrument
en forme de compas crochu, & pince par les pointes d'iceluy vne
partie du globe comme tu vois d'vn cofté D, alors fiche ou ata-
che au globe au milieu des deux pointes du compas vne aiguille, ou autre chofe femblable de certaine grandeur (comme E K)
au bout de laquelle mets vn poids G, tel qu'il foit en equilibre

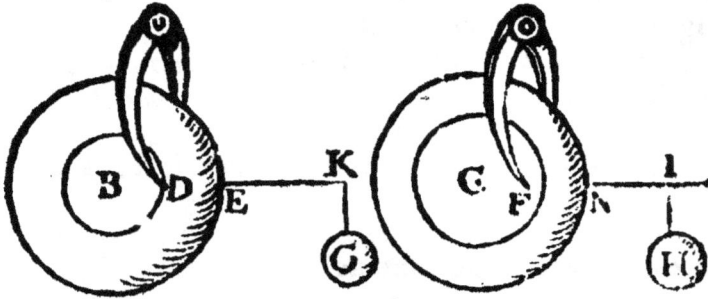

auec le globe premier fufpendu fur les pointes du mefme compas. fais le mefme en l'autre globe: lors fi tu ne trouue aucune difference entre les diftances du poids fufpendu à l'aiguille de chacun globe, prends d'auantage de circonference auec les pointes
dudit compas, & en fin tu pourras auffi comprendre partie du
globe interieur, ou les pointes feront iuftement fur l'extremité
d'iceluy globe interieur, comme pour exemple en D : & pofons
que le poids G foit en equilibre auec tout le refte : il eft certain
qu'en l'autre, ou fera le plomb, les pointes eftât de mefme ouuer-
ture & tenant le globe fufpendu, comme au point F, compren-
dront partie du globe interieur de plomb, & cefte partie de plôb
entre F & N, aidera au poids H, & diminuera de l'autre cofté C:
Qui fera caufe, que pour rendre H en equilibre auec C, la diftance N I ne fera fi grande que E K, *par le theoreme precedent*. De la
nous conclurons, que la ou fera la plus petite diftance entre le
poids fufpendu en l'aiguille & la circonference du globe, la dedans fera le plomb, & en l'autre, l'or.

Soit encor propofee vne boëte en forme de cylindre qui ait
pour diametres de fes bafes B C, F G, en laquelle foient mis deux
globes de diuers metaux (comme d'or & de cuyure) egaux en
poids : & foit l'or le plus petit (comme il a efté dit cy deuant) &
le plus proche de l'examen D E que nous pofons au milieu de la
ligne B F, (qui eft le cofté de la boëte) & le poids H tenant icelle
boëte en equilibre. Il eft euidét, fi l'or change de lieu & fe trouue

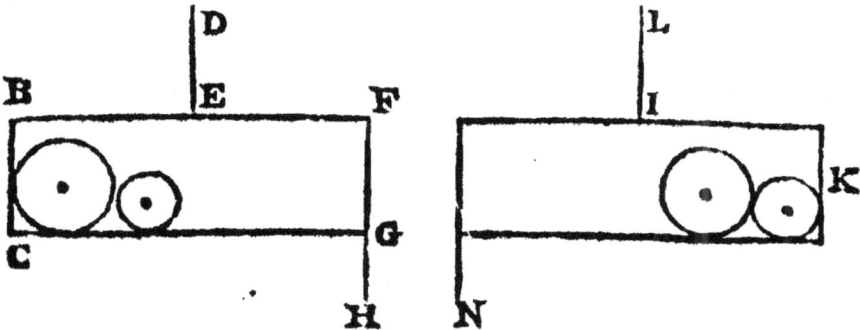

le plus esloigné du mesme examen comme en K, & le mesme
poids H soit suspendu de l'autre costé comme en N que l'examen L I ne pourra pas estre au milieu du costé de la boëte, comme il estoit premierement pour tenir le tout en equilibre, ains
sera plus proche de K, d'autât que le centre de la grauité des deux
globes est plus esloigné du milieu de la boëte qu'en la premiere
figure : tellement que l'examen demeurant tousiours au milieu,
il faudroit augmenter le poids N pour auoir l'equilibre desiré, &
cognoistre qu'en ceste sorte l'or est le plus esloigné dudit examen,
& en l'autre, le cuyure.

    Et ainsi ces regles seront generalles & vniuerselles pour toutes
autres formes: car on trouuera tousiours en fin quelque difference en l'equilibre, qui fera cognoistre non seullement les metaux
cachez en quelques boëtes, mais aussi l'ordre de leur situation,
à celuy qui sera accort & subtil au maniement de telle affaire.

F I N.

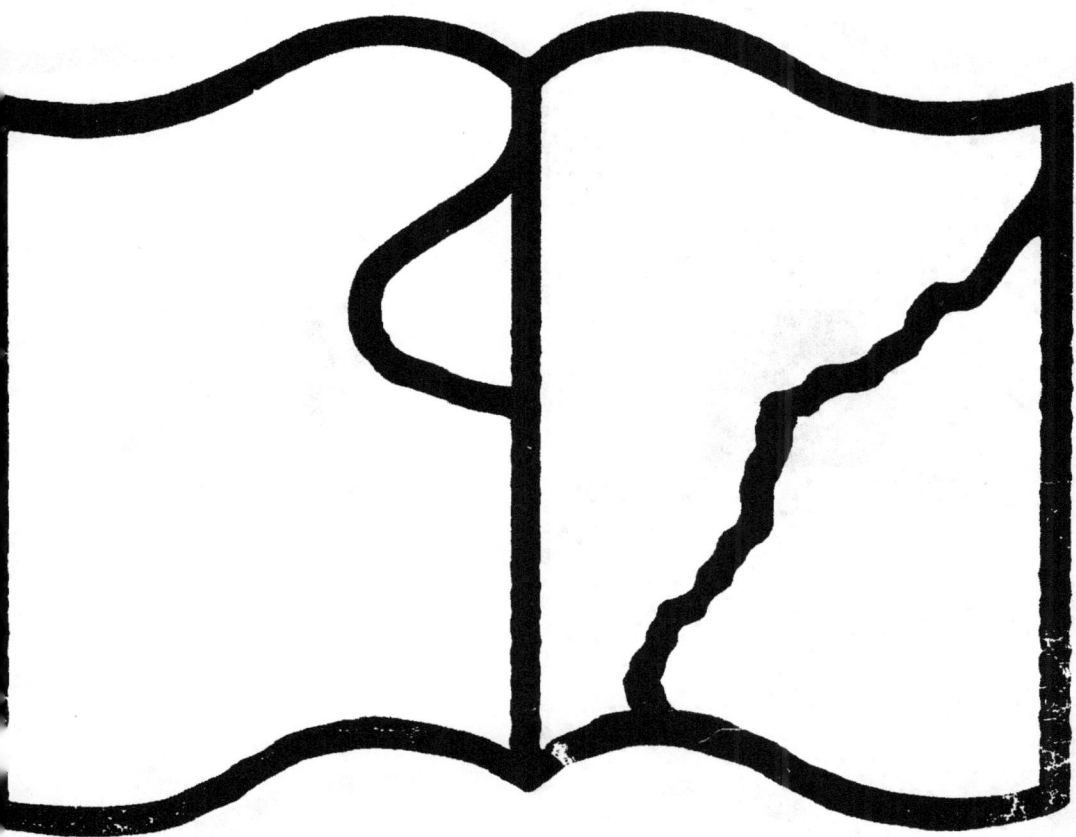

Texte détérioré — reliure défectueuse

NF Z 43-120-11

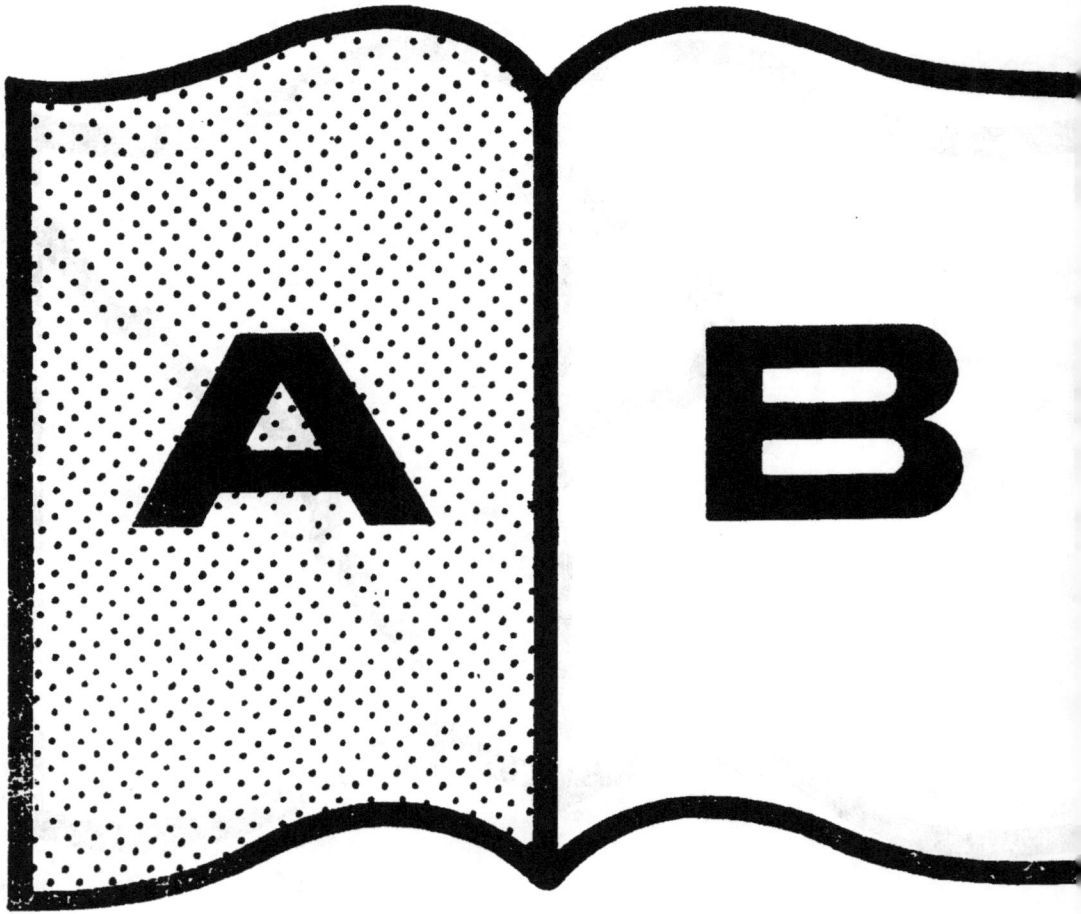

Contraste insuffisant

NF Z 43-120-14